FUORI SCENA

Raccontiamo quello che non si vede

LUIGI LI GOTTI
SAVERIO LODATO

Stragi d'Italia

Il caso Almasri e tutto quello che Giorgia Meloni e il governo non vogliono ammettere

FUORI SCENA

FUORI SCENA

ISBN 979-12-225-0086-7

Prima edizione: settembre 2025

Alla stampa libera.
Alle vittime della mafia e del terrorismo.
A chi crede nella nostra Costituzione e la difende.

L.L.G.

Ai miei genitori, a Giuliano, a Lunetta.

S.L.

Contraddizione della democrazia: bisogna escludere le forze che lavorano per distruggerla? No, se sono in minoranza. Ma quando sono in maggioranza è già troppo tardi.

Edgar Morin, Semi di saggezza

Ripetere l'ovvio
di Saverio Lodato

In nessun Paese al mondo esiste il precedente di un avvocato che da solo, di sua spontanea volontà, sorretto esclusivamente dai codici, dalle carte bollate e da un fascio di quotidiani freschi di stampa, un bel giorno sale le scale del Palazzo di giustizia della sua città per portare in giudizio un intero governo in carica. Era nel suo diritto farlo. E questo diritto lo ha esercitato sino in fondo. Il suo è un grido fuori dal coro, come dimostra questo libro-intervista di cui è il protagonista principale.

Resta dunque da dire qualcosa su di lui, l'avvocato penalista Luigi Li Gotti.

Era ora che Li Gotti parlasse. Avendo alle spalle una carriera durata mezzo secolo, con cognizione di causa avanza in questo libro una propria, forte, tesi di fondo. Una tesi argomentata, non proclamata. Molti la troveranno urticante. La tesi, ridotta all'osso, è infatti che la grande politica e la grande criminalità per decenni si sono incontrate, spesso intrecciate, altrettanto spesso vicendevolmente coperte e protette.

Li Gotti ha avuto l'occasione professionale di attraversare le pagine nere della storia italiana dagli anni dell'immediato dopoguerra ai giorni nostri. E in lui, con il passare del tempo, si è fortificata una visione d'insieme dei grandi fatti criminali che ci restituiscono, se non il Dna della storia d'Italia, qualcosa che molto ci assomiglia. Avrebbe potuto restare ancorato alla visione tradizionale della verità processuale, con il suo corollario di condannati e assolti. Ma chi lo conosce un po' sa che sarebbe stato chiedergli troppo. Non appartiene, infatti, alla schiera di quanti preferiscono non lasciare riflessioni scritte sul loro lavoro.

Qualcosa dentro di lui è scattato, nonostante sia tutt'altro che poco attrezzato a mettere in conto la presenza del «male», in tutte le sue infinite sfaccettature e ramificazioni. Essendo stato, fra le altre cose, il difensore di pentiti di mafia del calibro di Tommaso Buscetta, Francesco Marino Mannoia, Giovanni Brusca, non è facilmente impressionabile. Eppure, qualcosa è accaduto in occasione della vicenda che potremmo banalmente sintetizzare come «il caso del generale libico torturatore restituito al suo Paese con tanto di volo di Stato». Dopo decenni trascorsi, come migliaia di suoi colleghi, a salire e scendere le scale dei palazzi di giustizia di tutt'Italia, si è convinto di aver assistito al superamento di un limite. E proprio per responsabilità chiara, dichiarata e manifesta di chi invece, secondo Costituzione, dovrebbe essere a guardia di quello stesso limite.

Ecco perché ha accettato l'inusuale formula del libro-intervista. Perché crede di avere capito abbastanza di certi apparenti misteri italiani, che lui preferisce chiamare «segreti». E che – questa è la cosa che conta – niente sia mai accaduto o continui ad accadere per caso.

Gli avvocati, in Italia, non amano scrivere libri. Preferiscono far sentire la loro voce nelle aule di giustizia, a difesa, giusta o sbagliata che sia, dei loro assistiti. Nella convinzione che non tocchi ai difensori rivolgersi direttamente all'opinione pubblica per metterla a parte di visioni d'insieme che niente hanno a che vedere, a loro giudizio, con le verità sancite e codificate nelle aule riguardo al singolo fatto processuale, alla singola ricostruzione di un accadimento criminale. Come si sa, ogni accadimento criminale che si rispetti ha un suo inizio e una sua fine, con l'inevitabile corollario cui si accennava poc'anzi di condannati e assolti. Quanto alla colpevolezza o all'innocenza, il discorso porterebbe invece assai più lontano. A maggior ragione quando si tratta di argomenti delicati e scabrosi, che solitamente ricadono nella classificazione dei contenuti di libri che è preferibile non scrivere. Se non mettendo in conto, sin dall'inizio, le polemiche e i risentimenti di alcuni, visioni antitetiche a quelle descritte, o persino altre «narrazioni», come usa dire oggi, degli stessi fatti.

Insomma, l'Italia non ama lasciare troppe tracce scritte, essendo, e sia detto di sfuggita, il Paese europeo con il più alto tasso di criminalità organizzata e con il maggior numero di associazioni per delinquere, altrimenti chiamate mafie. Nessuno lo ammette apertamente, nessuno lo scrive papale papale, ci si perdoni l'espressione, ma l'Italia è popolata da convitati di pietra dotati di armi sofisticate, fatturati giganteschi, eserciti sul territorio, raffinate strategie per la conquista e la difesa del loro potere, saldi legami con le istituzioni – financo servizi segreti deviati –, fortissimi rapporti internazionali con altre mafie e, infine, di un immenso potere di ricatto dal quale la politica, persino i vertici più rappresentativi dello Stato, non possono prescindere. Meglio, dunque, tacere. Ridurre i grandi affari criminali al lumicino. Scriverne il meno possibile, neanche l'indispensabile, ché già sarebbe troppo.

Guardiamoci intorno. La carta stampata offre ormai un quadro desolante. Nell'ultimo trentennio i giornali hanno perso mediamente nove lettori su dieci. Eppure, restano inspiegabilmente aperti nonostante le vendite da brivido, perché qualsiasi padroncino che si rispetti non intende rinunciare al suo fiore all'occhiello, innaffiato all'unico scopo di ottenere finanziamenti statali e coltivare i propri interessi. E qui il riferimento non è più ai giornali a grandi tirature, ma a quelle testate corsare venute su dal nulla, con proprietari improbabili che si fanno largo nelle rassegne stampa televisive che vanno in onda a notte fonda. Il loro venduto in edicola è di appena qualche migliaio di copie, eppure i finanziamenti statali restano inspiegabilmente assai copiosi.

Esiste ancora un'opinione pubblica in Italia? Vai a sapere. La metà degli italiani, giorno più giorno meno, ha smesso da tempo di andare a votare. Ma ha anche smesso di andare in edicola a comprare i giornali per tenersi aggiornata, per seguire l'andamento della politica interna o internazionale. La moria delle edicole in ogni città o paese italiani, d'altra parte, segnala proprio il gigantesco fenomeno di disaffezione del quale si sta parlando. Astensionismo elettorale? Vertiginosa diminuzione dei lettori? Le due cose si tengono. Resta il fatto che gli italiani non considerano più, come in passato, partiti politici e giornali degni di un'autorevolezza a prescindere.

A chi governa questo scenario non interessa per niente. Tanto, anche se andasse a votare appena il 10 percento degli aventi diritto, le caselle in Parlamento verrebbero comunque serenamente occupate dagli «specialisti» della politica. Gli stessi che a colpi di decreti-legge proibiscono ai cittadini, pena la galera, di riunirsi pacificamente per protestare insieme.

E la stampa come reagisce? Lancia ancora i suoi allarmi? Si fa carico della necessità di formare un'opinione pubblica matura e attenta come dovrebbe accadere in un Paese democratico e moderno? Valuti il lettore. Di sicuro c'è che restano piccole isole, roccaforti di controinformazione, risicate pattuglie di giornalisti d'inchiesta che, non per caso, sono mal tollerati da chi sta al governo, considerati come fumo negli occhi che sarebbe meglio estinguere come la gramigna. E che rischiano, molto.

Campagne denigratorie *ad personam*. Querele temerarie da parte di esponenti politici che spendono il denaro della collettività per pagare i loro avvocati. Citazioni per danni, rimozioni da incarichi pubblici di intellettuali, che più sono di alto profilo e prima vanno cacciati. Vogliamo fare qualche esempio? Da Luciano Canfora ad Antonio Scurati, da Geppi Cucciari a Sigfrido Ranucci, per concludere con Valentina Mira, Stefano Massini e Roberto Saviano, solo per fare alcuni nomi.

Siamo l'unico Paese al mondo – è cronaca 0di oggi – dove il potere intercetta i giornalisti, ma gli intercettatori restano fantasmi introvabili. Con la presidente del Consiglio Giorgia Meloni che in Parlamento definisce l'argomento «non importante». E qui è d'obbligo il riferimento a un'altra incredibile singolarità dell'attuale governo.

Un governo che fa la guerra ai magistrati e non ai mafiosi. Solo in alcune autocrazie chi sta in alto pretende di riformare il funzionamento della giustizia, entrando in rotta di collisione proprio con gli operatori del diritto.

Quanto più il magistrato indaga, cerca la verità, intende provare eventuali responsabilità dei cosiddetti «colletti bianchi», tanto più risulta indigesto. Il tutto, ricordiamolo ancora una volta, all'insegna di quella regola cui si faceva riferimento all'inizio: lasciare il minor numero di tracce possibili. Anche su tutti questi aspetti l'avvocato Li Gotti, nel libro, esprime il suo duro punto di vista.

Discorso a parte andrebbe fatto per lo strumento televisivo. È sotto agli occhi di tutti che di processi televisivi e mediatici, in Italia, si è fatto strame. Ma per quanto tutti ripetano il mantra che «i processi non vanno fatti in televisione», si continua a fare esattamente il contrario. In un tentativo goffo, ma inarrestabile, di orientare la popolazione in un senso o nell'altro. I processi televisivi, in Italia, tirano moltissimo. E lì, nel processo televisivo, la presenza dell'avvocato è invece contemplata, richiesta, coccolata.

Ma torniamo a questo libro. Lo abbiamo voluto scrivere perché assistiamo al moltiplicarsi da parte del governo di atti di censura e di compressione delle fondamentali libertà costituzionali; all'erosione lenta, ma costante, di principi che da decenni sembravano definitivamente riconosciuti; allo stillicidio di dichiarazioni rilasciate con l'intento di far capire alla popolazione che all'epoca dei governi ha fatto seguito l'epoca del comando.

Perché abbiamo la presunzione di credere che questo sia un libro fuori dal coro? È facile rispondere alla domanda. Se guardiamo alla storia d'Italia, dalla Liberazione e dall'approvazione della Costituzione sino a oggi, ci accorgiamo subito che troppi elementi non tornano. Troppe cose non quadrano, troppi nomi si ripetono negli anni, nei momenti e nei luoghi sbagliati. Insomma, si avverte la presenza di un sottofondo costante ma apparentemente impossibile da decifrare. Una compagnia di burattinai e burattini che, salvo lievi modifiche e qualche cambio di casacca, di sigla o di etichetta, ha quasi sempre mandato in scena lo stesso copione.

Se poi si prende il via dallo stragismo, come in questo caso, il racconto vien giù da solo. Un fiume che esonda, che travolge i luoghi comuni, le accomodanti visioni retoriche, le infinità di anniversari per spingere la gente a ricordare non si sa bene che cosa. Non per niente, in Italia si parla molto, e molto a sproposito, di patriottismo. Un termine di cui si riempiono spesso la bocca gli esponenti dell'attuale governo, per evocare un passato di gloria e di fasti con cui inebriare la popolazione. Questo libro è stato scritto nella convinzione che il patriottismo dei cittadini non sia un atto dovuto nei confronti di chi sta al potere, ma, al contrario, un valore che chi sta al governo dovrebbe alimentare e proteggere.

Ecco spiegato il titolo di questo volume: *Stragi d'Italia*. E fossero stragi risolte, chiarite una volta per sempre, illuminate dai riflettori della legge con l'individuazione di esecutori e mandanti, di cui si conoscono con buona approssimazione le cause scatenanti, saremmo finalmente un Paese di patrioti. Ribadiamo il concetto: sin quando l'Italia resterà un Paese di segreti gelosamente custoditi dal potere, i patrioti scarseggeranno.

Resta da spiegare il sottotitolo, anch'esso volutamente fuori dal coro: *Il caso Almasri e tutto quello che Giorgia Meloni e il governo non vogliono ammettere*. Non sembri una forzatura, un colpo mancino assestato per finalità ideologiche. Nello stragismo italiano si avverte – e sono gli storici innanzitutto a segnalarla da tempo – una «matrice nera». Un filo nero il cui principio risale alla Repubblica sociale di Salò e che, in maniera carsica, è arrivato sino ai nostri giorni. Matrice non unica, certo. Comprimaria spesso di altre matrici, di diversi orientamenti, alimentati da interessi di Paesi stranieri e di servizi segreti deviati di casa nostra.

Eppure, questa «matrice nera» non è il risultato di dietrologici complotti. Vi chiederete: perché tirare in ballo una presidente del Consiglio giovane, troppo giovane all'epoca degli avvenimenti, che si è fatta da sola sgomitando in un'Italia politicamente patriarcale e maschilista? Questo libro non intende accusarla per partito preso. Più semplicemente, vuole mettere in fila le decisioni da lei prese in questi tre anni di governo, le quali, a giudizio di chi scrive, non sono apparse chiare e trasparenti.

La storiografia e gli analisti più attenti hanno ormai fatto enormi passi avanti nell'illuminare molte delle zone buie di questi ottant'anni della nostra Repubblica. In tal senso, vale la pena fare riferimento a tre libri che, partendo da prospettive differenti, giungono alla stessa conclusione: *Mossad base Italia*[1] di Eric Salerno, *La spia intoccabile*[2] di Giacomo Pacini e *Segreti e lacune*[3] di Benedetta Tobagi.

[1] E. Salerno, *Mossad base Italia. Le azioni, gli intrighi, le verità nascoste*, il Saggiatore, Milano 2010.

[2] G. Pacini, *La spia intoccabile. Federico Umberto D'Amato e l'Ufficio Affari Riservati*, Einaudi, Torino 2021.

[3] B. Tobagi, *Segreti e lacune. Le stragi tra servizi segreti, magistratura e governo*, Einaudi, Torino 2023.

Cos'hanno in comune questi tre importanti testi? Il merito di raccontare con dovizia di documentazione cos'è stato quel filo carsico, cui si faceva riferimento poc'anzi, che parte dalla Repubblica di Salò e arriva fino ai nostri giorni.

Non anticipiamo oltre il contenuto delle prossime pagine. Ma che ci sia troppo che, intorno a questi temi, la presidente Meloni non vuole «ammettere» ci sembra, a questo punto della storia del nostro Paese, di lapalissiana evidenza. Cercheremo di spiegare perché – nomi, documenti e fatti alla mano. Saranno i lettori a giudicare.

Stracciare la legge

Avvocato Li Gotti, lei ha reagito al caso del generale libico Almasri come se avesse assistito al superamento di un limite.

«Limite» è proprio la parola esatta per capire di cosa stiamo parlando. A tutto c'è un limite. Ma cos'è il limite? Per molti è l'equivalente di limitazione e, quindi, un contenimento della libertà, un condizionamento dell'autodeterminazione, una privazione. Per me, invece, il limite è il complesso delle regole condivise, accettate e necessarie.

Faccio un esempio pratico: il Codice della strada è costituito da norme comunemente accettate, e tutti noi vi facciamo affidamento. Cosa accadrebbe se, nella guida, ognuno si comportasse come gli pare, indifferente ai semafori, alle precedenze, ai limiti di velocità, alle segnalazioni, ai sensi di marcia, alle distanze di sicurezza? Il caos. Al contrario, se tutti rispettassimo le regole, incidenti e vittime si ridurrebbero al minimo. Sembra la scoperta dell'acqua calda, e in effetti è concettualmente semplice. Eppure, accade con frequenza che qualcuno non rispetti le regole condivise, creando una situazione fuori controllo. Le situazioni impreviste non hanno un sistema secondario di regole di comportamento, se non di tipo sanzionatorio a seguito di un accadimento.

Chi controlla il rispetto delle regole?

Il titolare delle regole, colui che confida nel rispetto altrui, è *chiunque*, ossia siamo tutti, governanti inclusi. Questa è la democrazia, perché il chiunque esclude zone franche. Il chiunque esclude il qualcuno. Non esiste, in democrazia, il privilegio dell'esenzione dal rispetto delle regole per qualcuno.

Orwell avvertì addirittura la necessità di scrivere un romanzo per sottolineare questo punto: *La fattoria degli animali*. Perché sentì questo bisogno? La visione deteriore orwelliana, secondo cui tutti sono uguali ma qualcuno lo è più degli altri, denuncia un'assenza di democrazia che si manifesta silenziosamente e, come un cuneo, lentamente penetra e spacca la roccia. Un'assenza che definisce i regimi autoritari, le oligarchie, le leggi liberticide.

Usciamo dalla metafora. Qual è stato, a suo giudizio, il limite superato da questo governo?

La liberazione del generale libico Osama Almasri ha rappresentato una violazione delle regole e, quindi, un atto di per sé gravemente dirompente. Fatto di cronaca eclatante, scandaloso, abnorme per forma e sostanza.

In questa vicenda, chi ha preteso di essere più uguale degli altri?

È presto detto. La presidente del Consiglio dei ministri, due ministri e un sottosegretario alla presidenza del Consiglio, con delega ai servizi segreti.

Non teme che la sua denuncia sia liquidata come una forzatura politica?

Per nulla, e voglio spiegare perché. Andiamo ai fatti. Il generale libico Almasri è stato arrestato perché colpito da un mandato di cattura della Corte penale internazionale, in quanto accusato di tremendi crimini nella gestione dei centri di detenzione libici, ove sostano bambini, donne, uomini che scappano dalle guerre, dalla fame e dalle malattie, con il sogno di una vita degna di essere vissuta. Quella del generale Almasri, che violenta sessualmente un bambino di cinque anni, tortura e stupra donne, riduce in schiavitù e uccide decine di persone, secondo quanto dice l'accusa, è un'immagine che non può non scuotere profondamente l'animo di ciascuno di noi.

Ebbene, costui è stato catturato dalla Polizia italiana a Torino il 19 gennaio 2025. Dopo tre giorni lo abbiamo visto, festante, scendere da un aereo con i colori della nostra bandiera, accolto dai suoi «complici», per riprendere il proprio posto di comando nella gestione di persone indifese, rinchiuse nei centri di detenzione, e per impedire e regolare la loro partenza verso un futuro migliore. Mi sembra che non occorra scomodare Orwell per indignarsi di fronte a quanto è accaduto.

Ma c'è di più. Il generale Almasri si è macchiato e continuerà a commettere questi crimini brutali finendo per fare anche l'interesse dell'Italia, che, com'è noto, mira esclusivamente a un eventuale blocco dei flussi migratori verso il nostro Paese. E, a tutela di questo interesse «egoistico», il nostro Paese lo ha scarcerato e riportato, con tutti gli onori, in Libia.

Il governo ha lasciato intendere – o sarebbe più esatto dire sottintendere – che ha dovuto fare i conti con cause di forza maggiore. Ma nessuno ha capito quali fossero, dal momento che di un autentico segreto di Stato non c'è traccia.

La sua domanda contiene già la risposta. Andiamo con ordine. Il ministro dell'Interno, Matteo Piantedosi, ha dichiarato al Parlamento, cioè a noi cittadini italiani, che il generale Almasri è stato riportato in Libia perché persona altamente pericolosa. Ma in che senso? Aveva commesso ulteriori reati in Italia, o Piantedosi si riferiva ai crimini per cui era stato arrestato? E perché, nel secondo caso, non è stato consegnato alla Corte penale internazionale? La risposta è semplice: perché il ministro della Giustizia, Carlo Nordio, non ha dato il via libera alla consegna, così come prevede il diritto internazionale, ossia la regola che il nostro Paese ha solennemente sottoscritto. A sua volta, la presidente del Consiglio Giorgia Meloni avrebbe autorizzato – come prevede la legge ma con un presunto abuso di potere, in quanto non sono state date motivazioni adeguate e scritte a giustificazione di un tale provvedimento – il volo di Stato con un aereo dei servizi segreti, con delega assegnata al sottosegretario di Stato Alfredo Mantovano. Questi sono i fatti, non c'è nessuna forzatura.

Noi cittadini italiani abbiamo forse concesso ai nostri governanti il diritto di violare la legge?

In altre parole, siamo in presenza di una limitazione arbitraria della sovranità popolare?

Non sono io a dirlo, è la nostra Costituzione a esprimersi con assoluta chiarezza in questo senso. Oserei dire che la sovranità popolare è il primo principio che i padri costituenti intesero mettere in chiaro. Già nell'art. 1 si legge infatti che «La sovranità appartiene al popolo, che la esercita nelle forme e nei limiti della Costituzione». E nell'art. 3 si indica chiaramente che «Tutti i cittadini hanno pari dignità sociale e sono uguali davanti alla legge».

In questi ottant'anni di Repubblica ci saranno stati precedenti analoghi. Non crede?

No, è la prima volta che accade. Non esistono precedenti di un simile sfregio al nostro ordinamento, paragonabili al caso del generale libico rimesso in libertà. E a opera dei vertici del potere esecutivo, per di più. Cosa ha voluto comunicare il governo ai cittadini attraverso questo gesto? Qual è stato il messaggio di fondo? Che il potere può violare la legge e un attimo dopo autoassolversi.

Verrebbe però da dire che non è la prima volta che il potere fa di tutto per ritagliarsi impunità e immunità.

Lo so bene e non mi faccio facili illusioni. Ci sono stati gli anni dei governi di Silvio Berlusconi, ad esempio, e conosciamo i reati che ha commesso. Eppure, Berlusconi è stato processato e condannato. Certo, ha cambiato le leggi a suo favore e, paradossalmente, nel rispetto delle regole che il Parlamento gli ha confezionato su misura. Ricorda la depenalizzazione del falso in bilancio nel 2002 e la legge ex Cirielli del 2005? Allora, Berlusconi era coinvolto in diversi procedimenti penali (corruzione, falso in bilancio, finanziamento illecito), e alcuni dei modi per «ammorbidire» la pressione giudiziaria erano porre restrizioni al reato di falso in bilancio e agire sui termini di prescrizione. In particolare, con la ex Cirielli si accorciavano i termini di prescrizione per numerosi reati, rendendo più difficile che i processi arrivassero a sentenza definitiva in tempi utili, e si applicava retroattivamente questa riduzione anche a reati commessi prima dell'entrata in vigore della legge. Inoltre, si riducevano gli effetti di recidiva. Ebbene, grazie a questa manovra molti processi a carico di Berlusconi e di altri imputati eccellenti sono finiti prescritti prima di una sentenza definitiva. Tuttavia, la vede la differenza? Lo stesso vale per Giulio Andreotti. È stato incriminato, processato, prescritto o assolto. Ma si è dovuto sottoporre alla legge.

Lo stesso regime fascista, coinvolto nel delitto Matteotti, ha arrestato e condannato gli autori del crimine (pur graziandoli in breve tempo). Come vede, i precedenti di una certa «cultura di governo» vengono da molto lontano, anche se non sono casi equiparabili. Negli esempi che ho indicato, tutti avvertivano la necessità, per quanto formale, di fare i conti con la legge. Non è una differenza di poco conto.

Ammetterà che in altri Paesi europei non stanno molto meglio di noi.

Anche questa è una facile semplificazione. E non corrisponde ai fatti. Per lo meno, io non sono d'accordo. Pensiamo alla

Francia. L'ex presidente della Repubblica Nicolas Sarkozy è stato condannato per corruzione e traffico di influenze, indossa il braccialetto elettronico ed è stato perfino privato della Legion d'Onore. Il primo ministro israeliano Benjamin Netanyahu è sotto processo e rischia concretamente di finire in carcere, vuoi per la decisione della Corte penale internazionale, vuoi per i reati commessi nel suo Paese. In occasione della sua visita in Ungheria, il presidente Viktor Orbán non ha arrestato il leader israeliano, colpito da mandato di cattura della Corte penale internazionale, ma ha quantomeno ritirato la firma di adesione alla stessa.

In genere, nelle democrazie occidentali prevale il rispetto istituzionale sulle vicende personali sospette di illiceità. È accaduto anche in Italia nel 2013, durante il governo Letta, con la ministra per le Pari opportunità, lo Sport e le Politiche giovanili Josefa Idem dimessasi a seguito di uno scandalo fiscale.

Poco prima delle effettive dimissioni di Idem, Giorgia Meloni, allora presidente di Fratelli d'Italia, aveva diffuso il seguente comunicato:

> Le dimissioni da ministro di Josefa Idem sarebbero un gesto importante e significativo, nonché un forte segnale di rispetto verso le Istituzioni e quello che rappresentano. Viviamo in un tempo nel quale la politica, per recuperare la fiducia dei cittadini, deve stare un passo avanti alla società e dare il buon esempio. Sono certa della buona fede della Idem e nessuno l'ha mai messa in dubbio, ma un atto di responsabilità dopo quanto è accaduto è auspicabile.

Oggi, la destra al potere ha cambiato, come accade per i serpenti, la sua pelle. Abbiamo una ministra, sorella d'Italia, sotto processo per bancarotta e truffa ai danni dello Stato; un fratello d'Italia sottosegretario alla giustizia condannato in primo grado per rivelazione di dati riservati; il presidente dell'assemblea della Regione Sicilia è un fratello d'Italia sotto indagine per corruzione; un importante fratello d'Italia è sotto indagine per furto di un'opera d'arte; una sorella d'Italia è stata condannata per appropriazione di fondi regionali. E l'elenco potrebbe proseguire. Insomma, la questione morale provoca l'orticaria ai fratelli e alle sorelle d'Italia.

Una parte della classe politica di governo in contraddizione con sé stessa, a seguire il suo ragionamento sino alle estreme conseguenze.

Adesso è lei a correre il rischio di essere accusato di una forzatura interpretativa. Atteniamoci ai fatti, anche in questo caso. Il governo del nostro Paese ha urlato al complotto. Scegliendo di non dare spiegazioni, nella consapevolezza piena di non potersi giustificare, poiché il diritto internazionale, dall'Italia propugnato e sottoscritto, non lo consente, ha offeso la dignità del popolo sovrano. I nostri rappresentanti hanno lacerato le regole e le leggi, con menzogne e strafottenza. E ci governano con prepotenza. È secondario stabilire se lo facciano perché in malafede o perché guidati da una profonda ignoranza delle leggi.

E qui si torna alla sua indignazione.

Come ho detto, la mia non è un'accusa faziosa. E ha una definizione precisa: indignazione aggravata dalla condotta narcotizzante del popolo sovrano. Sono gli esempi che facevo all'inizio: questo rappresenta il superamento del limite, ed è un cuneo destinato a spaccare la roccia. Non possiamo rimanerne indifferenti, perché si tratta di un germe che può uccidere la democrazia e trasformarla in autoritarismo.

È importante ripercorrere la vergognosa vicenda di Almasri, perché così facendo è possibile riattivare la memoria e la difesa dei diritti sanciti nella nostra Costituzione, ossia la legge suprema, conquistata con la sofferenza e il sangue dei nostri compatrioti. Non credo che gli storici del futuro tratteranno questa vicenda, solo apparentemente di cronaca, con qualche nota a piè di pagina.

Tutto è nato dalla lettura dei giornali. Un fatto di cronaca pieno zeppo di implicazioni teoriche. Nel fascicolo della sua denuncia non sarebbero pochi i ritagli di giornale allegati a riprova del suo atto d'accusa. Curiosamente, il punto di forza della sua azione sta proprio nell'essersi limitato a prospettare una rassegna stampa che le appariva scandalosa di per sé. Poi, certo, ci sono i codici, gli articoli, i codicilli. Ci spieghi ora come è giunto alla decisione di mettere in moto un ingranaggio giudiziario di queste dimensioni. Non è mai facile, in nessun campo, muoversi in assenza di precedenti. A maggior ragione in quello dell'applicazione della legge.

Partirò dall'inizio. Il 24 gennaio 2025 mi sono imbattuto negli articoli di stampa sull'arresto del generale Almasri per gravissimi crimini su mandato di cattura della Corte penale internazionale. Questo l'elenco dei crimini contestati, avvenuti durante la sua gestione dei centri di detenzione per migranti in Libia: oltre trenta omicidi, torture, violenza sessuale su un bambino di cinque anni, inflizione dei lavori forzati. Eppure, era stato liberato e riportato nel suo Paese con un aereo dei nostri servizi segreti, così sottraendolo alle investigazioni e al processo della Corte penale. Non credevo ai miei occhi. Non potevo credere a quello che stavo leggendo, e cioè che l'Italia avesse favorito una persona accusata di gravissimi crimini, commessi in danno di disperati alla ricerca di una vita migliore, pur con gli immensi rischi che questo sogno comporta. La liberazione con tanto di utilizzo del volo di Stato, possibile per legge solo con l'autorizzazione della presidenza del Consiglio, nell'inerzia del ministro della Giustizia, che aveva omesso di dare esecuzione alla consegna del catturato alla Corte penale internazionale, mi è parsa eccezionalmente contraria alla legge.

Va bene la sua indignazione, alla quale abbiamo fatto riferimento spesso. Va bene lo scatto d'orgoglio, un «non ci sto» che, indipendentemente da come finirà la storia, le fa onore. Però sono in molti a pensare che lei sia andato a caccia di guai. Nell'Italia dell'eterno «troncare e sopire» assistiamo assai raramente alla volontà, da parte di qualcuno, di andare sino in fondo. E per una questione di principio, non per interessi o tornaconto personale.

Se vuole la veda così, anche se io non credo di essere andato in cerca di guai. Ho sentito in me, forte, la spinta alla ribellione di fronte a un possibile reato commesso da Meloni, Nordio, Piantedosi e Mantovano. È questo il succo della storia. Le dico di più: non mi intimorivano i nomi con i quali inevitabilmente mi sarei trovato in rotta di collisione, che coincidono con i rappresentanti di alcune delle più alte cariche dello Stato italiano. Mi intimoriva, semmai, la violazione dei valori che hanno posto in essere con le loro azioni od omissioni.

E allora lo descriva in tutti i suoi aspetti, questo che per lei resta un reato privo di precedenti.

Come ho detto, la violazione del Codice penale, qui, è un fatto oggettivo. L'Italia era obbligata a consegnare il generale Almasri alla Corte penale internazionale, secondo quanto stabilisce l'art. 378, che recita:

> Chiunque, dopo che fu commesso un delitto per il quale la legge stabilisce l'ergastolo o la reclusione, aiuta taluno a eludere le investigazioni dell'Autorità, comprese quelle svolte da organi della Corte penale internazionale, o a sottrarsi alle ricerche effettuate dai medesimi soggetti, è punito con la reclusione fino a quattro anni.

Quella parola mi martellava la testa: «Chiunque». Qualcuno, però, abusando del suo potere, aveva ritenuto di rappresentare l'eccezione, stimandosi al di sopra della legge, in violazione consapevole della nostra Costituzione.

Il governo ha cercato di dire agli italiani che aveva i suoi buoni motivi. Anche se questi motivi non li ha spiegati.

Mi vedo costretto a ripetermi. A me non sembra che abbiano spiegato proprio nulla. Puerile è stata la giustificazione del ministro Nordio, che ha tentato di scaricare la responsabilità sulla Corte d'appello di Roma, accusandola di non aver convalidato l'arresto del libico e omettendo di dire, a noi cittadini, che lo Statuto della Corte penale internazionale impone che la convalida dell'arresto sia in capo al ministro della Giustizia. Altrettanto imbarazzante quella del vicepresidente del Consiglio e ministro degli Affari esteri, di Forza Italia, Antonio Tajani, che, pur non essendo coinvolto nell'*affaire*, ha evocato la difficoltà di tradurre il mandato di cattura dall'inglese.

In quanto cittadino sovrano, ho avvertito un'offesa, una lesione della mia dignità. Da qui la mia indignazione.

Si è consultato con qualcuno prima del grande passo?

Dopo un paio d'ore dalla lettura dei giornali ho presentato la denuncia, e in questo modo, sebbene parzialmente, ho placato il dolore della ferita alla mia dignità, riappropriandomene, dopo che coloro che pretendono di essere immuni dal «chiunque», gli orwellianamente più uguali degli altri, avevano pensato di rubarmela. E voglio giustizia. Sarà eventualmente il Parlamento a dire che la legge non è uguale per tutti, stracciando così in un colpo solo la Costituzione. La Corte penale internazionale, inoltre, procederà con il deferimento all'Onu dell'Italia, per violazione di un trattato internazionale sottoscritto.

Non ha subito pressioni in questi mesi? Anche critiche velate, o apparentemente bonarie, della serie: «Avvocato, ma chi glielo fa fare?». Lei sa benissimo che al re non piace che qualcuno abbia l'impudenza di dire pubblicamente che è nudo. Ma è esattamente questa la strada che ha deciso di intraprendere.

Lo ribadisco ancora una volta. Non c'è stato spazio per nessuno che potesse influenzarmi, condizionarmi, convincermi o tirarmi per la giacchetta. Qualcuno, amichevolmente, ha fatto un tentativo. Dopo un paio di giorni, ad esempio, mi ha chiamato Antonio Di Pietro per dirmi che non condivideva gli aspetti giuridici della mia denuncia.

Cosa contestava Di Pietro?

Mi ha detto di non condividere la mia iniziativa, perché secondo lui il rilascio di Almasri era giustificato da questioni di sicurezza nazionale. Ho ribadito la mia posizione richiamando le norme dello Statuto della Corte penale, che peraltro fu materia di mio approfondimento quando, a giugno del 2008, presentai il disegno di legge per l'adeguamento (erano trascorsi dieci anni e ancora non era stato fatto) del nostro ordinamento interno allo Statuto della Corte internazionale. In quel periodo sedevo in Parlamento. Quel mio disegno di legge sollecitò l'iniziativa di tutti i partiti, che, gradualmente, presentarono altri disegni di legge analoghi, sia al Senato che alla Camera. Ricordo che, proprio alla Camera, Di Pietro presentò una proposta identica alla mia. Invero, cercavamo sempre di omologare le nostre proposte di legge nelle due camere.

A volte la memoria gioca brutti scherzi.

Non è questione di memoria, ma di una sua opinione. A ogni modo, per l'approvazione della legge per l'adeguamento interno impiegammo anni, tant'è che la promulgazione da parte del capo dello Stato avvenne il 20 dicembre 2012.

Alla fine, comunque, si giunse a dichiarare che l'Italia accettava di cooperare con la Corte penale internazionale sulla base dello Statuto della stessa, divenuto esecutivo il 12 luglio 1999, e dell'ordinamento giuridico italiano.

Vale la pena ricordare che la Corte penale internazionale nacque, su impulso delle Nazioni Unite, con il trattato sottoscritto a Roma dalla Conferenza dei plenipotenziari il 17 luglio 1998, e che per lungo tempo le forze politiche italiane si sono fatte vanto della scelta della sede di sottoscrizione dell'accordo.

Con il caso del generale Almasri, però, è venuto giù il sipario della messinscena.

Non saprei descrivere diversamente quanto è accaduto. A gennaio 2025 il governo italiano ha violentato lo Statuto della Corte penale internazionale, senza in seguito spiegare la ragione, nero su bianco, della sua mancata disponibilità a rispettare l'ordine ricevuto. Utilizzo il termine «ordine», dal momento che i mandati di cattura della Corte penale internazionale devono essere obbligatoriamente eseguiti. Perché così detta l'art. 93 dello Statuto. La legge italiana di adeguamento allo Statuto, all'art. 13, prevede solo quattro ipotesi per le quali si possa non dare seguito alla consegna della persona arrestata, e nessuna delle quattro ricorre in questa sede.[1] E infatti il governo italiano non vi ha fatto

[1] Queste le quattro ipotesi: *a*) inesistenza del mandato di cattura; *b*) errore di persona; *c*) nei confronti della persona è stata per i fatti contestati già emessa sentenza definitiva nel Paese cui è richiesto l'arresto; *d*) il mandato di arresto è emesso per reati non riconosciuti nel Paese cui è richiesto l'arresto.

ricorso, inventando piuttosto delle presunte ragioni di sicurezza, essendo il generale Almasri una persona pericolosa. Sicché, essendo pericoloso, come si è visto, lo ha liberato e riportato nel suo Paese con volo di Stato. Sarebbe un ragionamento giuridico, o anche solo logico, questo?

L'Italia ha liberato una persona accusata di aver commesso trentaquattro omicidi, plurime violenze sessuali (una in danno di un bambino di cinque anni), torture varie, lavori forzati, mutilazioni di poveri disgraziati rinchiusi nei centri di detenzione libici. Il nostro Paese ha fatto questo. Il governo lo ha fatto anche in nome mio.

Non accetto che si commetta un reato in mio nome. Il governo ha favorito il generale Almasri, liberandolo e accompagnandolo a casa. Il governo ha umiliato il mio Paese e ha ferito la mia dignità di cittadino italiano.

Ora che sono trascorsi alcuni mesi da quei fatti, rifarebbe la sua scelta di rottura?

Rifarei tutto allo stesso modo. Provo i sentimenti più estremi, quando vedo le facce delle persone denunciate la rabbia mi ribolle dentro.

Il dossier, adesso, è passato al Tribunale dei ministri.

Il quale è tenuto ad applicare le leggi e, possibilmente, a fare giustizia. All'esito si vedrà se sono un visionario. E comunque meglio essere utopici visionari che servi. Non credo di sbagliare. Nel frattempo, il procuratore generale della Corte penale internazionale, con suo provvedimento di quattordici pagine, ha smontato una per una le argomentazioni difensive del ministro Nordio, addirittura sottolineando che le dette difese hanno aggravato i profili di responsabilità. Che bella figura!

Per un curioso effetto domino, che si crea sempre, in Italia, quando esplode uno scandalo che molti non hanno gli strumenti per comprendere fino in fondo, ricordiamo anche che, nell'immediato seguito delle polemiche, è finito sul banco degli accusati il procuratore capo della Repubblica di Roma, Franco Lo Voi. Accusato di aver portato avanti la sua denuncia. Gli esponenti governativi hanno perfino minacciato di cacciarlo dalla guida della Procura di Roma. Ma che reato ha commesso il procuratore Lo Voi? Perché avrebbe dovuto fare diversamente? Io, allora, non sono riuscito a capirlo. Mi aiuti lei.

Altra vicenda scandalosa. Lo Voi si è trovato sul banco degli accusati per aver fatto soltanto il suo dovere. L'Italia non è più la culla del diritto, perché i mestieranti di regime strisciano ai piedi di un potere compromesso.

Fermiamoci un attimo a Lo Voi. Le chiedevo una spiegazione, come si dice, in punta di diritto. Atto dovuto il suo? O voluto, come affermano i suoi detrattori? Quante belle trasmissioni in prima serata, con tutti gli ospiti a concionare sul «dovuto» e sul «voluto»! Faccia chiarezza lei, che la materia pare conoscerla meglio degli altri.

È stato sostenuto che Lo Voi avrebbe dovuto archiviare subito la mia denuncia. Su questo treno è salito anche Sabino Cassese, presidente emerito della Corte costituzionale, icona dei fratelli italiani. La forsennata insistenza su questa affermazione è la più incredibile operazione di disinformazione. Un vero e proprio inganno.

Atteniamoci sempre ai codici. L'art. 335 del Codice di procedura penale indica chiaramente che il pubblico ministero deve annotare «immediatamente», in un apposito registro presso il suo ufficio, ogni informazione relativa a un possibile reato previsto dalla legge che riceve o scopre personalmente, specificando in quali circostanze. Chi sostiene il contrario a quale codice fa riferimento?

Inoltre, la legge n. 1 del 1989, avente come oggetto i reati (da intendersi, ovviamente, «ipotesi di reato») attribuibili ai ministri, impone al procuratore, omessa ogni indagine, di trasmettere al Tribunale dei ministri la denuncia iscritta e, contemporaneamente, di avvisare il ministro o i ministri interessati. I quali possono, entro quindici giorni dalla detta comunicazione, presentare la propria difesa e chiedere di essere interrogati. Il Tribunale dei ministri svolge dunque le indagini e provvede ad archiviare la denuncia o a chiedere al Parlamento (nel nostro caso alla Camera dei deputati) l'autorizzazione a procedere, con richiesta motivata. Il Parlamento assegna il fascicolo a una specifica commissione, la quale esamina il caso e sottopone all'assemblea la propria proposta, motivata e non vincolante. L'assemblea, infine, decide se autorizzare o meno il processo. È un sistema che non ammette deroghe, deviazioni o scorciatoie. Si tratta di una procedura del tutto chiara, se si è in buona fede.

Infine, vorrei ricordare che il ministro Nordio ha affermato che era suo compito studiare il caso, anche consultandosi con altre istituzioni o richiedendo maggiori informazioni alla Corte penale internazionale. Non è vero. Questa ipotesi riguarda esclusivamente la consegna di documenti dello Stato alla richiedente Corte penale internazionale. Solo ed esclusivamente documenti. Il ministro della Giustizia non ha alcun potere di sindacare su un mandato di cattura. Il suo compito è quello di dargli seguito. Come è stato ribadito dalla dottrina, la sua funzione è «notarile». Nel nostro caso, Nordio è rimasto perciò consapevolmente inerte, facendo scadere i tre giorni previsti dalla legge per la decisione della Corte d'appello di Roma, che ne ha dovuto prendere atto.

Comportandosi in questo modo, Nordio ha messo in difficoltà lo stesso procuratore generale presso la Corte d'appello. È così?

Prova ne sia che il procuratore, fatto inconsueto, ha inutilmente sollecitato il ministro. Invero, alla fine ha dovuto chiedere che fosse dichiarata l'irritualità dell'arresto in mancanza di «interlocuzioni con il ministro della Giustizia, titolare del rapporto con la Corte penale internazionale». Solo il ministro della Giustizia ha infatti il potere di dare il nulla osta, ma Nordio non lo ha fatto, come le tre scimmiette del non sento, non vedo, non parlo. Più chiaro di così!

Con le menzogne non si va da nessuna parte: ciò che ha fatto il governo è stato favorire il generale Almasri. E non ha giustificato – né poteva farlo – questo comportamento fuori dalla legge.

Più andiamo avanti e più Orwell, con la sua denuncia nella

Fattoria degli animali, *ci appare come punto di partenza e di arrivo di un intero ragionamento sulla nostra democrazia.*

È mia profonda convinzione che, strisciando come un serpente velenoso e silenzioso, una cattiva cultura stia erodendo il manto della nostra democrazia, minandone la consistenza. E arriverà, alla fine, a sbriciolarla e pregiudicarla, per odio antico e revanscista, utilizzando, come se fossero i suoi, quei principi e regole costituzionali a cui è intimamente estranea e contro cui, nella sua continuità di fondo, ha sempre combattuto.

Ho l'impressione che lei alluda, in modo neanche tanto velato, al dibattito in corso nel Paese su fascismo e antifascismo.

Chiamiamo le cose con il loro nome. C'è un nuovo fascismo ingordo di potere, di fronte al quale la democrazia arretra. Il nuovo fascismo ha già cominciato a riscrivere la storia, mascherandosi con le menzogne e il veleno delle ricostruzioni alternative, confondendo, mistificando, omologando. La nostalgia del fascismo è una realtà, sia pure non da grandi numeri. Anche se, per la situazione elettorale che si è venuta a creare, anche i piccoli numeri contano.

Ormai i sondaggisti attribuiscono agli eredi del fascismo qualcosa come il 30 percento dei consensi. Ragion per cui la presidente del Consiglio Giorgia Meloni, convinta che l'opposizione non sarà mai sufficientemente unita contro di lei, ha già fatto domanda per guidare la nuova legislatura, quando sarà. Situazione che non lascia dormire sonni tranquilli a molti italiani.

Il 30 percento dei votanti per Fratelli d'Italia corrisponde al 15-20 percento degli italiani con diritto di voto. Quello degli astensionisti è, al momento, il primo partito del Paese. È l'astenuto ad avere la maggioranza assoluta, l'italiano sfiduciato, arrabbiato, deluso dalla politica. L'estrema destra non attinge più a questo grande bacino di non votanti, perché ha fatto ormai il pieno. Da qui, da questo dato di fatto certificato all'unanimità dagli istituti di sondaggi, si potrebbe ripartire.

Il fatto che l'estrema destra abbia ormai raggiunto il pieno dei suoi consensi tiene in vita qualche barlume di speranza. Per un futuro in cui i piccoli numeri non abbiano più a contare come oggi. È questo che vuole dire?

Sì, ma senza farsi troppe illusioni. Sarà infatti un percorso irto di ostacoli e non dall'esito scontato. Dovranno essere gli agnostici a tirarci fuori dal pericolo della democrazia autoritaria, quella che sogna l'uomo forte capace di concentrare in sé la sovranità del popolo, espropriandolo lentamente e costantemente del suo privilegio costituzionale, con il peso dei voti parlamentari che ratificano la legislazione del governo, per decreto.

Basterebbe dunque una discreta pattuglia di ex astenuti decisa a tornare nell'agone per rimescolare le carte?

Unitamente, però, a una nuova capacità dell'opposizione di farsi blocco vero contro le destre. Il che sinora non è accaduto, o è accaduto episodicamente, in vista di singole tornate elettorali.

Parliamo dell'Italia, ma faremmo meglio a tenere d'occhio l'Europa.

Ha perfettamente ragione. È un dato che il nuovo fascismo, vestito da democrazia autoritaria, si sta affermando in Europa. L'ideologia ridotta all'essenziale, ossia all'uomo forte che assume su di sé l'onere di comandare, eliminando cinicamente gli ostacoli che si oppongono al suo potere. Il nuovo fascismo è, quindi, conquista di potere ed esercizio dello stesso. È un «colpo di Stato» strisciante attuato con le menzogne, con le caselle istituzionali occupate da propri uomini. In Italia come in Europa. In alcuni Paesi funziona meglio, in altri meno. Ma la tendenza è quella.

Le faccio un esempio di casa nostra. Il ministro della Cultura, Alessandro Giuli, ha rivendicato il suo ruolo politico di appartenenza al partito della Meloni e di obbedienza alla linea politica di Fratelli d'Italia, ritenendo che sia questa la sua missione. Sicché la cultura dev'essere espressione della destra, deve comprimere la cultura antagonista e promuovere un'overdose di riti celebrativi radicati nel ventennio fascista. Mi riferisco, ovviamente, a questo stucchevole dibattito che si è aperto sulle cosiddette «egemonie» di destra e di sinistra, dal cui scontro dovrebbe dipendere il futuro del Paese. Non dimentichiamo, a questo proposito, che Curzio Malaparte, giornalista, poeta, scrittore, saggista, uomo di spaziosa cultura, fu annoverato, in pieno regime fascista, tra i fascisti da cento carati.

Incredibilmente, però, non è mai nominato dai fascisti di oggi. Forse perché nacque fascista e morì amico della Cina comunista. Alla Repubblica Popolare Cinese lasciò infatti in eredità la sua meravigliosa villa sui faraglioni di Capri, che rimase per decenni disabitata perché l'Italia del dopoguerra non riconosceva la Cina comunista. Resta il fatto che i trascorsi giovanili, e non solo, di Malaparte furono fascisti.

Per l'Italietta di allora, forse ebbe il limite di essere troppo intelligente. Scrisse, con un sarcasmo che non fu colto dagli intellettuali servi che contribuirono alla sua ampia diffusione, considerandola una forma poetica elogiativa sino allo spasimo, la *Cantata dell'Arcimussolini*.[2]

> O italiani ammazzavivi
> il bel tempo torna già:
> tutti i giorni son festivi
> se vendetta si farà.
> Son finiti i tempi cattivi
> chi ha tradito pagherà.
> Pace ai morti e botte ai vivi:
> cosa fatta capo ha.
> Spunta il sole e canta il gallo
> o Mussolini monta a cavallo [...]

Malaparte aveva sperimentato la trincea nella Prima guerra mondiale. Aveva creduto nel vento di rinnovamento soffiato dai reduci di una vittoria mutilata dalla negazione dell'Istria al tavolo della pace, nel programma rivoluzionario che nel 1936 Palmiro Togliatti, dalla Russia, aveva guardato con simpatia. In quello stesso anno Togliatti, vale a dire il capo del popolo comunista che in quel periodo si rifaceva a Mosca, scrisse nell'*Appello ai fratelli in camicia nera*:

[2] C. Malaparte, *L'Arcitaliano. Cantate di Malaparte*, La Voce, Roma 1928.

Al popolo italiano, ai soldati, alle camicie nere, agli ex combattenti e volontari d'Africa
Noi abbiamo ragione di inorgoglirci della nostra patria.
Questa Italia bella, queste ricchezze sono il frutto del lavoro dei nostri operai, dei nostri braccianti, dei nostri contadini, dei nostri ingegneri, dei nostri tecnici, del genio della nostra gente [...]
Noi comunisti facciamo nostro il programma fascista del 1919,[3] che è un programma di pace, di libertà, di difesa degli interessi dei lavoratori; camicie nere ed ex combattenti e volontari d'Africa, vi chiediamo di lottare uniti per la realizzazione di questo programma [...]
Noi proclamiamo che siamo disposti a combattere assieme a voi, fascisti della vecchia guardia e giovani fascisti, per la realizzazione del programma fascista del 1919, e per ogni rivendicazione che esprima un interesse immediato, particolare o generale dei lavoratori e del popolo italiano.
Diamoci una mano, fascisti e comunisti, cattolici e socialisti, uniti di fronte le opinioni [sic]. Diamoci la mano e marciamo fianco a fianco per strappare il diritto di essere dei cittadini di un Paese civile e libero da mostri.
Soffriamo le stesse pene, abbiamo la stessa ambizione: quella di fare l'Italia forte, libera e felice.

«Diamoci una mano, fascisti e comunisti.» Si stenta a credere a quello che si legge.

[3] Il riferimento è al Programma di San Sepolcro, presentato da Benito Mussolini il 23 marzo 1919 a Milano come atto di nascita dei Fasci di combattimento. Il testo conteneva richieste come il suffragio universale, la giornata lavorativa di otto ore, l'imposta straordinaria sul capitale e l'abolizione del Senato. Era un manifesto progressista e radicale, che Mussolini abbandonò rapidamente nel passaggio al regime autoritario del 1922-25.

Ma il fascismo, ormai diventato regime e dittatura, non poteva ascoltare le parole di Togliatti. E Malaparte si era già allontanato dal regime con il sarcasmo caratteristico di un toscano di Prato. Poi arrivò la guerra civile in Spagna, quindi le leggi razziali, la Seconda guerra mondiale, il 25 luglio, la sconfitta, la Repubblica di Salò, la guerra civile, la Resistenza, la Liberazione, il referendum monarchia-repubblica, la nostra Costituzione.

A quale fascismo guarda l'estrema destra italiana, oggi? Al fascismo contenitore di anarchici, socialisti, monarchici, repubblicani, sindacalisti rivoluzionari, capitalisti, futuristi, agrari, apologeti, mussoliniani, liberali, almirantiani, destri sociali, sinistri nazionali, filonazisti, trumpiani, democratici, autoritari, nazionalisti, europeisti, filoamericani, filorussi, antisemiti, filopalestinesi, filoisraeliani per qualche senso di colpa? Sarebbe interessante se ne discutessero a congresso...

Dal momento che di questo dibattito non c'è traccia, quale risposta si può dare secondo lei?

La mia risposta è: l'estrema destra guarda al potere, ricorrendo a tutte le maschere e arroccandosi in ciò che man mano conquista. Accusa gli altri di essere nervosi, perché sconfitti, ma a destra sono agitati perché tallonati dalla loro stessa incapacità. Sanno di mentire e si ribellano ringhiosi quando si pesta loro la coda. Non ci sono marce su Roma. Hanno oltretutto fame di lusso, e ciò li spinge a commettere magagne. Anche se pretendono di non pagar dazio, come invece tocca ai comuni cittadini.

La vita del nostro Parlamento non le dà l'impressione di ridursi progressivamente al lumicino? Dov'è finita la sua centralità, quella che gli avevano assegnato i padri costituenti nel rispetto della tradizionale suddivisione dei poteri?

La democrazia parlamentare ormai non parla, vota soltanto. Ha votato la legge sul premierato, ad esempio, ossia il conferimento del potere all'uomo solo, novello *dictator* con mandato quinquennale eletto dal popolo dei votanti e non dal Parlamento, che garantirà il 55 percento dei seggi a chi raggiunga la percentuale del 40-42 percento dei votanti. Insomma, dopo circa ottant'anni scompare dalla nostra Costituzione la democrazia parlamentare, sostituita da un sistema autoritario, con ridimensionamento dei poteri del capo dello Stato in favore del presidente del Consiglio. Parliamo, quindi, di un potere con maggioranza assoluta parlamentare fittizia, perché un centinaio di parlamentari non saranno eletti, ma regalati come premio di maggioranza. Scompare di fatto il principio costituzionale della sovranità che appartiene al popolo.

Mi lasci dire che io trovo drammatico il silenzio su questi numeri che lei ha appena esposto. Si capisce che i golpisti in pectore, *i caudilli in attesa di tempi migliori, quelli che considerano i meccanismi del funzionamento della democrazia fastidiosi quanto un fuoco di sant'Antonio vorrebbero che dell'argomento si parlasse il meno possibile. Come d'altronde hanno fatto in occasione delle votazioni per i referendum. Ma i giornali? Le televisioni? Se di questo non si occupano, di che trattano invece?*

Come vede la situazione dell'informazione? Lo stravolgimento della nostra carta costituzionale, pur essendo sotto gli occhi di tutti, non sembra sia diventato argomento di denuncia quotidiana da parte delle stesse forze di opposizione.

Ci stavo arrivando. A quanto detto sino a qui si affianca un'informazione che è ormai trasformata in propaganda, grazie al controllo di sei reti televisive. Nelle quali, peraltro, si privilegia la trasmissione di programmazione leggera e popolare, d'evasione. Rimane così confinata nella marginalità la programmazione di approfondimento. Quanto ai giornali, il fatto che negli ultimi trent'anni abbiano perso in media nove lettori su dieci significherà pur qualcosa. L'opinione pubblica, quotidianamente bistrattata, delusa e tradita, disinformata e presa sottogamba, ha cambiato rotta. E dove voglia andare non si capisce ancora.

Poi, volendo tornare per l'ennesima volta a Orwell, si potrebbe dire che la premier Meloni è «più uguale degli altri» proprio per quanto riguarda il mondo dell'informazione. Specchio delle mie brame: *se ne potrebbe fare il titolo del principale organo di stampa governativo!*

È sotto gli occhi di tutti. Il sistema di comunicazione prediletto dalla presidente del Consiglio è marcatamente, direi esclusivamente, orientato all'utilizzo di brevi comunicati o di video privi di interlocutori e intervistatori non asserviti, che possano contestarle le continue menzogne e l'incoerenza opportunistica, ripetitivi nello stile trumpiano che mi ricorda la dottrina del ministro della Propaganda nazista Joseph Goebbels. La teoria su cui si basò la propaganda ideata dal «cinico e consapevole manipolatore» nazista – così come viene storicamente definito – fu quella secondo cui «il potere ricettivo delle masse è molto limitato e la loro comprensione è debole [...]. Stando così le cose, ogni propaganda efficace deve limitarsi a poche cose essenziali, e quelle devono essere espresse per quanto possibile in formule stereotipate». Non vedo molte differenze con l'epoca che stiamo vivendo.

La stampa, certo. Ma anche con la magistratura questo governo non scherza. Gli esponenti della maggioranza sembrano avere un problema personale nei confronti di chi è chiamato a far rispettare le leggi.

Tutto si tiene. Anche la riforma dell'ordinamento giudiziario voluta dal governo e avviata all'approvazione parlamentare costituisce un importante segmento eversivo, nel senso di una deviazione dai binari imposti dalla Costituzione.

La separazione delle carriere, con la creazione di due Consigli superiori della magistratura (Csm), uno per i giudici e l'altro per i pubblici ministeri, è una riforma di facciata. Secondo i dati statistici, nell'arco di cinque anni soltanto lo 0,83 percento dei pubblici ministeri è passato a svolgere il ruolo di giudice, mentre lo 0,21 percento dei giudici ha assunto funzioni da pubblico ministero. Sono questi i dati sui quali è stato montato un cancan che va avanti da vent'anni. I numeri dimostrano l'inutilità di questa riforma costituzionale. Ecco un'altra realtà che il governo vuole nascondere.

Cosa c'è dietro? Anche in questo caso, proviamo ad approfondire.

Partiamo dall'inizio. Il disegno di legge costituzionale introduce la divisione delle carriere tra giudici e pm. Tuttavia, non interviene sull'art. 101 della Costituzione, che così detta al comma 2: «I giudici sono soggetti soltanto alla legge». E i pm? Questo è, a mio parere, l'espediente con il quale è possibile sostenere che i pm non siano soggetti soltanto alla legge: l'art. 101 si applica esclusivamente ai giudici. C'è una malevola riserva da parte del governo; diversamente, si sarebbe modificato anche l'art. 101, scrivendo che «I magistrati sono soggetti soltanto alla legge». Una semplice dimenticanza? Non credo.

Comincio a capire meglio l'astio che è stato manifestato dagli esponenti governativi e istituzionali nei confronti della sua persona. L'hanno accusata di essere prevenuto politicamente nei confronti di questo governo.

Per di più, la presidente del Consiglio e altri del suo ceto politico hanno ritenuto di potermi classificare, con frasi in libertà, quale servitore di un potere rosso, o spregevole perché difensore di pentiti del calibro di Tommaso Buscetta e Giovanni Brusca.

Andiamo con ordine. Hanno detto che da un fascista come lei non si sarebbero mai aspettati un tale colpo basso. Ma lei è fascista?

Mio padre, medico, è stato per dodici anni segretario federale del Partito fascista a Palermo e a Catanzaro. Nel 1945 fu processato, in contumacia, con l'accusa generalizzata, rivolta a tutti quelli che avevano ricoperto ruoli dirigenziali, di atti rilevanti per il regime fascista. Rimase latitante per circa un anno, essendo stato avvisato dai Carabinieri del comune di Mesoraca – allora in provincia di Catanzaro, dove viveva con mia madre e le mie due sorelle – che l'indomani avrebbero dovuto arrestarlo. Fuggì dunque in Sicilia, a Catania, e si nascose presso un suo fraterno amico, Giuseppe Verzì, antifascista e procuratore del Regno (grande giurista che concluse la sua carriera in Corte costituzionale). Alla fine del processo, celebratosi a Palermo, mio padre fu assolto. Ovviamente, da ragazzo ascoltavo i racconti della sua attività, delle due medaglie d'oro ricevute al merito della prevenzione sociale per aver tolto dalla strada centinaia di ragazzi senza famiglia dando loro un tetto, facendoli studiare o garantendo la formazione per il lavoro. Queste storie mi appassionavano e ne fui condizionato. A quattordici anni mi iscrissi, a Crotone, alla Giovane Italia, divenendone dirigente. Dopo un rallentamento dell'attività politica durante gli anni dell'università a Bari, una volta laureato, mi dedicai interamente alla politica e alla professione di avvocato. Divenni segretario di sezione del Movimento sociale italiano (Msi), consigliere comunale e infine segretario della federazione.

Nel 1974, avendo iniziato a collaborare con l'avvocato Claudio Gargiulo, difensore di parte civile della Banca Nazionale dell'Agricoltura e dei venticinque dipendenti rimasti feriti nel processo per la strage di piazza Fontana, mi trasferii a Roma, cessando totalmente l'attività politica. Infatti, durante la fase iniziale del processo venne fuori la notizia della mia militanza. Fu indetto uno sciopero nazionale dei bancari, perché un avvocato fascista non poteva rappresentare l'accusa privata in una strage fascista. Quasi tutti i dipendenti revocarono la difesa e nominarono l'avvocato Marcello Gentili, il quale si mise quotidianamente alle mie costole perché gli illustrassi i dettagli del processo, di cui avevo una profonda conoscenza. Dopo un mese, Gentili mi nominò suo sostituto processuale, comunicando ai clienti, e quindi ai sindacati, che aveva bisogno del mio aiuto, dal momento che avevo una conoscenza sedimentata e a suo avviso neutrale del processo. Io, comunque, non feci più attività politica. Durante il processo conobbi molti giornalisti e mi legai a Marco Nozza (di sinistra) e Mario Cartoni (ex partigiano anarchico). Di molti di loro divenni anche avvocato.

Di stagioni politiche mi sentirei di dire che ne ha vissute parecchie.

Direi tre, quella giovanile, quella agnostica e quella con Di Pietro. Infatti, ritornai a fare politica nel 2001, nell'Italia dei Valori, con l'incarico di responsabile del dipartimento di Giustizia. Poi divenni sottosegretario alla Giustizia, non parlamentare, nel secondo governo Prodi, e senatore eletto in Emilia-Romagna nel 2008.

Nel periodo in cui facevo politica a Crotone c'era certamente una tendenza nostalgica, ma molto mitigata dalla base operaia dell'Msi, che spingeva verso la concretezza dei problemi del territorio, della condizione di lavoro nelle fabbriche, e da un fatto drammatico accaduto anni prima. Mi riferisco all'eccidio di Melissa, avvenuto durante la lotta per la terra contro il latifondo, nel quale rimasero uccisi dalla Polizia di Mario Scelba il giovane segretario della sezione dell'Msi, Francesco Nigro, la ventitreenne Angelina Mauri e il quindicenne Giovanni Zito. Inoltre, un autorevole elemento di spicco dell'Msi calabrese era l'onorevole Luigi Filosa, socialista dichiarato. All'epoca, insomma, nel Movimento era presente una componente di sinistra, come dimostra il periodico «Pensiero Nazionale» di Stanis Ruinas, espressione di un fascismo di sinistra su posizioni antiborghesi, anticapitaliste e antioccidentali, che fu addirittura finanziato per alcuni anni dal Partito comunista italiano (Pci). Ruinas, scrittore e giornalista, ben rappresenta lo spirito ribelle ed eretico di quel periodo: nel 1950 finì per quaranta giorni al Regina Coeli per «istigazione alla rivolta armata contro i poteri costituiti», poiché in alcuni articoli aveva invitato il Pci alla ribellione, con gli ex fascisti di Salò, contro il governo De Gasperi. Fu prosciolto in istruttoria per non aver commesso il fatto. La collaborazione con il Pci finì agli inizi degli anni Cinquanta, per il rifiuto di Ruinas e degli altri esponenti dei circoli legati a «Pensiero Nazionale» di abiurare il fascismo.

C'era poi il mensile «L'Orologio», di tendenza futurista. Si deve conoscere la storia, per capire. Questa commistione di posizioni fu gradualmente prosciugata e l'ultimo eretico fu l'onorevole Beppe Niccolai. Giorgio Almirante spostò il partito su posizioni radicalmente di destra, cercando l'alleanza con i liberali e poi imbarcando i monarchici di Alfredo Covelli, il generale Giovanni de Lorenzo e l'ex capo dei servizi Vito Miceli. Persisteva comunque un'ambiguità di fondo, mai rimossa. Votai Msi per l'ultima volta nel 1992, ma solo per inerzia, anche se l'Msi crotonese avrebbe voluto candidarmi alla Camera nel 2001 da indipendente. Io ero già vicino a Di Pietro.

Hanno detto che lei è un 5 Stelle. E che i 5 Stelle sono poco attenti alla ragione di Stato. Quella che, a detta del governo, stava dietro al caso del generale Almasri.

Sciocchezze. La ragione di Stato sarebbe rimettere in libertà un accusato di gravissimi crimini? Mi sconcertano queste arrampicate sugli specchi. Peraltro, la legge n. 124 del 2007 regola l'apposizione della ragione di Stato, stabilendo che essa deve consistere in un atto amministrativo motivato, con valenza pubblicistica, data certa, efficacia non retroattiva e firmato dal presidente del Consiglio. È pacifico che il contenuto dell'atto possa essere coperto da segreto, ma non può essere segretato l'atto stesso che dispone la ragione di Stato, né le motivazioni che giustificano la sua adozione.

Sì, ma hanno detto che lei è amico personale di Romano Prodi. E siccome – ormai è proverbiale – la presidente Meloni detesta Prodi, molti hanno pensato che quest'ultimo fosse il mandante e lei l'esecutore della mascalzonata.

Come ho raccontato, sono stato sottosegretario alla Giustizia nel secondo governo Prodi, che ho incontrato il giorno del giuramento collettivo di tutti i sottosegretari. Non ho avuto altre occasioni di incontro collettivo con lui, tantomeno personale. Non ci siamo mai rivolti la parola, neanche per un «buongiorno». L'affermazione di Meloni è dunque falsa.

Torniamo alla dichiarazione di Meloni riguardo al fatto che lei è stato il difensore di mafiosi come Buscetta e Brusca.

Qui mi permetto di dire la mia. Trovo molto grave e sorprendente che la nostra presidente del Consiglio non sappia distinguere un mafioso da un collaboratore di giustizia, altrimenti definito «pentito».

Ho assunto, lo ribadisco, la difesa di diversi collaboratori di giustizia, tra cui Buscetta e Brusca. Il primo collaboratore di cui assunsi la difesa fu Francesco Marino Mannoia, su richiesta di Giovanni Falcone. Dopo la strage di Bagheria, a fine 1989, nella quale erano state uccise sua madre, sua zia e sua sorella, Mannoia era rimasto senza avvocati. A Palermo il clima era cupo e si temevano altre vendette trasversali. Io stavo facendo la parte civile nel processo per l'omicidio del commissario Luigi Calabresi. Non esitai un attimo ad assumerne la difesa per rispetto della toga. Amo e rispetto la mia professione, così come i doveri inerenti.

C'è infine una ragione più intima, che trascende il ruolo professionale. Io odio la prepotenza, e la mafia è prepotenza ingorda, alleata di altri poteri e anche usata da altri poteri. Il tempo mi ha convinto che lo slogan «fuori la mafia dallo Stato» andrebbe modificato in «fuori lo Stato dalla mafia». Ho avvertito repulsione e ho deciso di fare la mia parte sottraendomi alla mera osservazione. A Palermo si uccideva. Ogni giorno cadaveri o scomparsi. Lugubre realtà. La richiesta di Giovanni Falcone divenne quindi l'opportunità per *fare*. Poi, negli anni successivi l'Italia fu scossa ancora dal tritolo, nel periodo tragico dello stragismo politico che faceva intravedere intrecci con la criminalità organizzata. La mia indole non si è placata. Oggi più di ieri mi sento deturpato e cerco verità. Tutti dovremmo pretendere la verità.

I segreti li chiamano misteri

Sin qui ha descritto un affaire *di strettissima attualità che la vede tra i protagonisti principali. Vedremo come andrà a finire. Resta da osservare che, non fosse dipeso dalla sua clamorosa iniziativa, sarebbe tutta acqua passata. Peraltro è proprio questa, a mio parere, la tecnica dei nostri governanti: evitare, o impedire, l'approfondimento degli eventi. Sommergere la sostanza dei fatti con valanghe di polemiche, slogan chiassosi, frasi fatte, battutine con inevitabile condimento di notizie false, piagnistei sul mancato riconoscimento del diritto a governare che verrebbe dalle opposizioni di antica scuola comunista. Però, per quanto sia il rumore inconcludente a riempire la scena, ci sono fatti duri a morire. Mi riferisco all'Italia delle stragi e dei misteri. Ma anche all'eterna Commissione parlamentare antimafia, che spunta come un fungo, rinnovata, all'indomani della creazione di un nuovo governo. Con il suo lavoro, lei si è trovato a fare i conti con questa palude della quale non si è mai venuti a capo. Si può dire che si tratti di una contraddizione solo apparente?*

L'Italia delle stragi, volendola definire in estrema sintesi, è un inquietante e oscuro capitolo che segna la nostra storia contemporanea. Capitolo che si è concatenato, senza cesure, decennio dopo decennio, legato da fili che sono apparentemente differenti.

Perché «apparentemente»? Alcuni storici potrebbero ritenerle pagine sconnesse fra loro. Una volta il terrorismo nero, una volta quello rosso, poi i servizi segreti deviati, la mafia, la criminalità organizzata al gran completo, la massoneria, la Cia, il Mossad, il Kgb e i Paesi dell'Est. La lista è lunga. Si potrebbe pertanto obiettare che i fili sono tanti quante le pagine insanguinate.

Per rispondere a questa domanda faccio innanzitutto una considerazione quantitativa. L'Italia non si è fatta mancare nulla quanto a terrorismo stragista mafioso e politico, a omicidi cosiddetti eccellenti, a depistaggi, misteri, progetti revisionisti e di addomesticamento per finalità politiche. Non esiste nessun altro Paese in Europa con un simile bilancio nelle pagine della sua storia dalla fine della Seconda guerra mondiale a oggi. Cito solo alcuni nomi: Enrico Mattei, presidente dell'Eni, esploso con il suo aereo, non si sa come e perché; Mauro De Mauro, il giornalista dell'«Ora» di Palermo, scomparso in circostanze a oggi non ancora chiarite; Aldo Moro, ucciso dalle Brigate Rosse, spiegazione a mio avviso assai riduttiva, con il senno di poi. Ma l'elenco dei magistrati, dei rappresentanti delle forze dell'ordine, dei politici, dei giornalisti assassinati è, come afferma anche lei, assai lungo.

E poi ci sono le stragi. Da Portella della Ginestra nel 1947 a Capaci e via D'Amelio nel 1992, rimanendo in Sicilia. Per finire con Roma, Firenze e Milano tra il 1992 e il 1993. Ci racconti lei tutto quello che sta nel mezzo in termini di vittime, ma anche di numero di processi e sentenze mai definitive, mai convincenti sino in fondo. Volendo sintetizzare, potremmo affermare che, di fronte a un panorama agghiacciante qual è quello di cui stiamo discutendo, il potere governativo non ha saputo fare altro che replicare con una valanga di parole vuote e nessun fatto?

Detta così la sua affermazione rischia di assumere le sembianze di una narrazione suggestiva. C'è un aspetto, però, che va osservato con attenzione e che, alla fine, potrebbe darle ragione. Mi spiego meglio.

In Italia abbiamo fatto ricorso abbondante all'istituzione di commissioni parlamentari d'inchiesta, spesso funzionali agli interessi di parte e asservite a logiche di riscrittura di storie criminali. Sa quante sono state le commissioni parlamentari antimafia fino a oggi? La prima risale al 1963 e alla famigerata strage di Ciaculli. Quando una Alfa Romeo Giulietta imbottita di tritolo, preparata per un agguato, provocò la morte di sette uomini fra carabinieri e rappresentanti dell'esercito. Da allora, sono state rinnovate ininterrottamente.

Erano gli anni della crisi dei missili a Cuba, del «Papa buono», Giovanni XXIII, e il muro di Berlino non era stato ancora definitivamente costruito. È in quel contesto internazionale che il Parlamento italiano istituì la prima Commissione antimafia, con il compito di studiare e comprendere il fenomeno mafioso per meglio poterlo combattere.

Sono passati oltre sessant'anni. L'Unione Sovietica e la Repubblica Democratica Tedesca non esistono più. Si sono alternati altri sei papi. Ma noi, in Italia, siamo ancora qui a studiare e comprendere il fenomeno mafioso per meglio poterlo combattere.

Perché, secondo lei?

Mi verrebbe da dire che abbiamo assistito a un gioco che è andato in scena con la complicità dei diretti interessati, ossia diversi membri stessi delle commissioni. I quali, volta per volta, avevano responsabilità dirette in quanto stava accadendo. A mio avviso, ci sarebbe la necessità di una super commissione d'inchiesta sulla storia delle commissioni, sull'impostazione dei loro lavori, sulla scelta nelle audizioni, sulle documentazioni segretate, sui segmenti volutamente inesplorati. Eppure non si farà mai, perché su tutto prevalgono la disonestà politica e gli interessi oscuri e deviati.

Le sue convinzioni sono a tinte molto fosche. A sentir lei, pare che verità e giustizia non abitino più in Italia.

Ma quando mai verità e giustizia hanno abitato nel nostro Paese? Credo che siamo amaramente destinati a convivere con misteri irrisolti. Su di essi è costruita la nostra democrazia, fragile e ricattabile.

Ho avuto l'opportunità professionale di partecipare a processi che hanno segnato la nostra storia: quelli relativi alla strage di piazza Fontana, all'eccidio di via Fani e al sequestro Moro, allo stragismo mafioso, all'omicidio del commissario Luigi Calabresi, agli omicidi eccellenti, al fenomeno del pentitismo, al G8-Diaz di Genova, all'omicidio del barone Antonio Carlo Cordopatri e al clan mafioso dei Mammoliti, a vicende di acquisizione forzata delle terre, di faide, d'infiltrazione della 'Ndrangheta in Emilia-Romagna, Veneto e Lombardia, alla centrale elettrica di Gioia Tauro, al Banco Ambrosiano-Eni, al clan dei Casamonica, a Mani pulite, all'alleanza tra 'Ndrangheta e cartelli colombiani, alla mafia russa e ai traffici Messico-Anversa. Molti di questi processi non hanno dato esiti storicamente definiti e si trascinano misteri irrisolti.

Come se non bastasse, ora pare sia cambiato il metodo di indagine: si affrontano i singoli eventi criminali furbescamente decontestualizzati. Questo per evitare una lettura complessiva che, nel migliore dei casi, mette paura e, nel peggiore, vuole essere volutamente nascosta.

Neanche lei mi pare ecceda con l'ottimismo. Vero è che in questa legislatura la Commissione parlamentare, presieduta dalla deputata Chiara Colosimo di Fratelli d'Italia, ha scelto come obiettivo principale la strage di via D'Amelio, conferendole visibilità e spazio per rimettere in discussione i pochi punti fermi acquisiti. Addirittura, attraverso l'audizione del generale Mario Mori, ex comandante del Raggruppamento operativo speciale (Ros) dell'Arma dei Carabinieri, dà dignità a quella che fu la posizione di Vito Ciancimino, ex sindaco di Palermo legato ai corleonesi. Il quale sostenne che l'onorevole Pio La Torre, segretario regionale del Pci e firmatario del disegno di legge che introdusse, nel 1982, il reato di associazione mafiosa e le misure di prevenzione, e il generale Carlo Alberto Dalla Chiesa sarebbero stati uccisi dai «comunisti», che con questo stratagemma avrebbero voluto, secondo Ciancimino, accelerare l'approvazione del dormiente disegno di legge per poter colpire gli avversari politici. A mio avviso sono solo farneticazioni.

Interrogato a New York, Mannoia utilizzò l'espressione «le onde dell'Atlantico portano lontano» per intendere che gli Stati Uniti erano fortemente ostili a La Torre a causa delle sue battaglie contro la base di Comiso. Eppure, secondo Mori e il suo braccio destro Giuseppe De Donno, pur non dovendosi prendere per oro colato il memoriale di Ciancimino, questa sua posizione avrebbe dovuto essere tenuta in considerazione. Senonché, il procuratore Gian Carlo Caselli e i suoi sostituti, non essendo stati inquirenti capaci, non vollero farlo. È quanto hanno scritto nel loro ultimo libro. Lo scorso febbraio, il capogruppo di Forza Italia Maurizio Gasparri ha organizzato al Senato la presentazione del libro di Mori e De Donno, invitando a parlarne i due autori, nonché l'ex pm Antonio Ingroia e Michele Santoro. L'evento è rinvenibile sul sito di Radio Radicale.[1]

Sintetizzi quella presentazione. I posteri avranno modo di farsi un'idea dei decenni che abbiamo attraversato.

Sottoscrivo. In tale sede, gaudente Gasparri, il generale Mori, oltre ad aver accusato la Procura di Palermo guidata da

[1] https://www.radioradicale.it/scheda/751533/presentazione-del-libro-di-mario-mori-e-giuseppe-de-donno-laltra-verita-giovanni

Caselli di essersi dimostrata incapace di condurre indagini, ha affermato che l'omessa perquisizione della casa ove abitava Totò Riina e il suo mancato controllo, pure all'epoca garantito (e invece cessato alle 16 dello stesso giorno della cattura), fu un atto consapevole (non un «disguido», come era sempre stato affermato in precedenza e in sede processuale), in quanto quella non sarebbe stata l'effettiva abitazione di Riina, ma solo dei familiari. Era pertanto da escludere, a suo parere, che l'appartamento potesse essere di un qualche interesse, perché mai un capo mafia vi avrebbe lasciato tracce investigative significative. La giustificazione è, francamente, parecchio debole. Sembra quasi quella che, durante il sequestro Moro, utilizzarono le forze dell'ordine giunte in via Gradoli a seguito della segnalazione di un condomino confinante con l'appartamento-nascondiglio delle Br, che aveva sentito il ticchettio dell'alfabeto morse, nonché il rumore dei tasti di una macchina da scrivere. Chi intervenne disse che l'appartamento non fu perquisito perché nessuno rispose quando bussarono. In seguito, quando una perdita d'acqua causata intenzionalmente da ignoti (il getto d'acqua della doccia diretto su una fessura tra le mattonelle di rivestimento e la vasca da bagno) determinò l'accesso, si scoprì che l'appartamento era effettivamente un covo delle Br, allora abitato da Mario Moretti e Barbara Balzerani (prima da Valerio Morucci e Adriana Faranda). Dal momento che quella scoperta fortuita fu fatta con grande dispendio di Vigili del fuoco, Vigili urbani e Polizia, quando, giunto nei pressi in motocicletta, Moretti vide la confusione, si allontanò precipitosamente. Quest'ultimo era il capo brigatista che interrogava giornalmente Aldo Moro nel luogo ove era segregato.

Ora devo elencare una serie di premesse che portano a inquietanti domande e considerazioni. Mi permetto di chiederle la massima attenzione.

Mori ha dichiarato:

1. che il vero covo di Riina non sarebbe mai stato individuato;
2. che nella villa del complesso di via Bernini vi abitava esclusivamente la famiglia, e che Riina *saltuariamente* andava a trovare i familiari.

Sono fatti oggettivi i seguenti:

1. la mattina dell'arresto, ossia il 15 gennaio 1993, Riina uscì proprio dal complesso di via Bernini, venendo riconosciuto da Baldassare Di Maggio, nascosto nel furgone appositamente parcheggiato con vista sul cancello d'ingresso. Deve inoltre aggiungersi che il detto complesso aveva due uscite, ma le forze dell'ordine tenevano sotto osservazione solo quella da cui uscì effettivamente Riina;
2. l'uscita dell'autovettura, con a bordo il boss e l'autista Salvatore Biondino, fu filmata e l'operazione della cattura avvenne a circa settecento metri di distanza;
3. sul canale YouTube «Ultimo TV» dell'Associazione volontari del capitano Ultimo, questi (ex capitano dei Ros Sergio De Caprio) dichiara che le autovetture utilizzate furono sette e tutte pronte all'azione con compiti predefiniti;
4. l'11 gennaio 1993 il ministro dell'Interno Nicola Mancino convocò una conferenza per la stampa estera al Viminale e, in quell'occasione, annunciò

l'imminente arresto di Riina. Tant'è che, in un'udienza successiva alla cattura, Riina si rivolse così al presidente della Corte: «Come faceva Mancino a sapere, quattro giorni prima, che sarei stato arrestato? Chi mi ha tradito? La verità è nell'interesse di tutti, anche mio». Questi elementi portano a concludere che vi era una programmazione, con la presenza di militari in attesa dell'arrivo, dopo venti minuti dall'uscita dal cancello, dell'autovettura immessasi nel caotico traffico delle 8.30 e bloccata a una rotonda: fulmineamente, Riina fu preso e fatto salire su un'altra autovettura. Il capo dei Ros doveva quindi sapere che Riina aveva trascorso la notte con i familiari;

5. Mori ha altresì dichiarato che De Donno, particolarmente elettrizzato, gli chiese l'autorizzazione ad aggregarsi all'operazione per condividere, in presenza, la cattura del «Capo dei capi»;
6. il nuovo procuratore della Repubblica, Gian Carlo Caselli, arrivò a Palermo proprio la mattina del 15 gennaio 1993 e apprese, appena sbarcato, della cattura di Riina.

Fatte queste premesse, mi paiono logiche le seguenti considerazioni e domande:

1. l'utilizzo dell'avverbio «saltuariamente» con riferimento alle visite di Riina ai familiari fa intendere con chiarezza che l'osservazione si protrasse nel tempo, al punto da potersi affermare l'esistenza di elementi concreti relativi al «vero covo»;
2. perché non è stato rivelato il luogo del vero covo? L'affermazione di Mori che esso non sarebbe mai

stato trovato appare all'evidenza una risposta assolutamente incompleta. Vuole forse dire che Riina non venne mai seguito nei suoi spostamenti?
3. se non è come il punto precedente, da quanto tempo durava l'osservazione di Riina che *saltuariamente* andava a visitare la famiglia, fermandosi anche a dormire?
4. perché Riina non fu catturato prima e si omise di intervenire, come fu fatto in seguito con Provenzano?
5. a chi serviva Riina libero? Poteva essere catturato prima delle stragi di Capaci e via D'Amelio? Potevano scongiurarsi, con la cattura, le due stragi?
6. si è corso il rischio, con Riina libero, dell'attentato al magistrato Piero Grasso, nell'ottobre del 1992, a Monreale. Cosa Nostra aveva programmato (Riina disse: «Ci vuole un altro colpetto») di riempire di esplosivo il cunicolo dinanzi all'abitazione dei genitori di Grasso, che questi si recava a trovare settimanalmente. Progetto abbandonato per l'esistenza di una banca, essendoci l'eventualità che il sistema d'allarme della stessa potesse interferire con il detonatore, provocando così l'esplosione in assenza di Grasso o in orario notturno.

Purtroppo, durante la presentazione del libro in Senato, non si è avuta la prontezza di rivolgere a Mori e De Donno nessuna di queste domande o considerazioni. Così come nessuno dei presentatori del libro ha chiesto conto a De Donno della dichiarazione che lui stesso fece la mattina della cattura. Ossia che parecchie persone sarebbero dovute scappare da Palermo quando fossero state rese pubbliche le frequentazioni di Riina. I diversi giornalisti presenti ne scrissero immediatamente (tra gli altri proprio lei, Lodato, e Felice Cavallaro) e non furono smentiti. I giornalisti, esaminati in sede processuale, confermarono la *confidenza* fatta da De Donno.

Un'altra di tante stranezze.

Lo stesso De Donno, nel dicembre del 2013, invitato con Mori all'Università di Chieti (esistono il video e l'audio), ha affermato che l'abitazione di Riina era controllata da settimane attraverso numerose telecamere. Mori, al suo fianco, in quell'occasione è rimasto silente. Quando successivamente sono state chieste a De Donno notizie più dettagliate sulla sua affermazione, questi, all'agenzia di stampa Adnkronos, ha risposto di essersi confuso con un altro servizio di osservazione, essendo passato molto tempo. Insomma, si era sbagliato.

Mi chiedo: può mai confondersi il controllo dell'abitazione del Capo dei capi di Cosa Nostra, il suo arresto – cui lo stesso De Donno, elettrizzato, volle partecipare –, con un altro servizio di osservazione con telecamere? E perché quando De Donno ha fatto quella dichiarazione, poi definita errata, nell'aula dell'Università di Chieti il generale Mori, al suo fianco, è rimasto impassibile? Queste sono le «verità di Stato» che dovremmo accettare? Caro Lodato, le sembrano logiche le mie osservazioni e le mie domande? Meriterebbero ancora una risposta?

Se iniziassimo a snocciolare il rosario dei misteri di mafia, rischieremmo di apparire osservatori visionari. Forse anche per questo la Commissione antimafia se ne tiene elegantemente a distanza.

«Misteri», lei dice. Non sarebbe meglio dire «segreti»? Come il caso di Luigi Ilardo. Capitolo oscuro che fa sorgere la domanda: si è trattato di un «omicidio di Stato»?

Lo scorso 15 giugno, il generale dei Carabinieri in pensione Michele Riccio ha testualmente affermato che Ilardo è stato ucciso dallo Stato e ne ha raccontato la vicenda in un libro appena uscito.[2]

Ci ricordi la vicenda.

Luigi Ilardo, mafioso, fu un'importantissima fonte informativa di Riccio. Per questo motivo, avrebbe dovuto diventare ufficialmente un collaboratore di giustizia. Così si era deciso, d'intesa con Mori, due giorni prima che fosse assassinato, il 10 maggio 1996. Ebbene, l'ex mafioso infiltrato, imparentato con il boss Piddu Madonia, fornì indicazioni sulla masseria ove si nascondeva Bernardo Provenzano, capo di Cosa Nostra in specie dopo la cattura di Riina, da lui lì incontrato. Addirittura, per tre volte Ilardo percorse la strada con Riccio e il capitano Antonio Damiano per far vedere, da una distanza di alcune decine di metri, il luogo ove trascorreva la latitanza Provenzano. Questo perché, nonostante le precise indicazioni, Mori aveva affermato che non era stato possibile localizzare la detta masseria. Finalmente, dopo tre sopralluoghi, i Ros predisposero l'operazione finalizzata alla cattura. Senonché l'operazione non fu effettuata, perché intorno alla masseria pascolavano pecore e mucche e si

[2] M. Riccio, A. Vinci, *La strategia parallela. Il progetto occulto di assalto alla Repubblica*, Zolfo Editore, Milano 2024.

ritenne che le condizioni ambientali non fossero ottimali, come ebbe a riferire il colonnello Mauro Obinu. Ebbene, mi chiedo: perché l'operazione non fu effettuata il giorno successivo, o quello dopo ancora, una settimana, un mese, due mesi, un anno dopo? Passarono invece sei anni, e Provenzano si spostò in una diversa masseria, ove stette per altri cinque anni.

Insomma, per undici anni Provenzano è rimasto indisturbato, sorvegliato (protetto?), sino all'arresto dell'11 aprile 2006. Operazione effettuata non dai Ros, bensì dalla Polizia di Stato al comando del capo della Squadra mobile Renato Cortese, che arrivò, con indagini autonome, all'individuazione del nascondiglio. Racconta Cortese che Provenzano rimase visibilmente colpito e impaurito dall'arresto e che si tranquillizzò solo quando capì che si trattava di poliziotti.

Per la mancata cattura del boss, nel 2013 si è tenuto un processo a carico degli ufficiali Mori e Obinu per il reato di favoreggiamento personale.

Sono stati assolti nel 2017, in mancanza della prova certa del dolo, potendosi ipotizzare che tutto fosse accaduto per mera maldestra organizzazione.

Così in sentenza:

> [...] può ritenersi che la condotta attendista prescelta con il concorso degli imputati sia sufficiente a configurare, in termini oggettivi, il reato addebitato.
> Posto ciò, si deve però rilevare che, benché non manchino aspetti che sono rimasti opachi, la compiuta disamina delle risultanze processuali non ha consentito di ritenere

adeguatamente provato – al di là di ogni ragionevole dubbio, come richiede l'art. 533 c.p.p. – che le scelte operative in questione, giuste o errate, siano state dettate dalla deliberata volontà degli imputati di salvaguardare la latitanza di Bernardo Provenzano o di ostacolarne la cattura.

E Luigi Ilardo?

Fu ucciso dinanzi la sua casa il 10 maggio 1996. Era diventato un testimone scomodo dell'inerzia dei Ros? Si temeva la sua formale collaborazione? Qualcuno avrà ragionato sul rompiscatole Ilardo che sconvolgeva il piano di latitanza protetta del vertice di Cosa Nostra? Come si permetteva quel mafioso infiltrato, che già aveva fatto arrestare altri mafiosi, di rompere le uova nel paniere aiutando, addirittura, a far catturare Provenzano? Qualcuno si era innervosito per questa intromissione? Sono domande legittime?

Per il suo omicidio furono condannati all'ergastolo Piddu Madonia e gli esecutori. Nel corso del processo si accertò che l'omicidio aveva subito un'accelerazione, come da testimonianza dei pentiti Giovanni Brusca, Santo La Causa e Nino Giuffrè.

La sentenza riporta chiaramente che

> la sequenza cronologica dei fatti è senza dubbio idonea a far ipotizzare una fuga di notizie da vertici istituzionali. Non è stato infatti accertato chi mise il Provenzano e il Madonia al corrente del tradimento di Ilardo. Non è facile immaginare che la scansione temporale dei fatti sia ascrivibile a semplice casualità.

Prova ne sia che nel momento in cui dovette essere notificato a Ilardo il provvedimento di sospensione dell'esecuzione della pena per motivi di salute da parte del giudice di sorveglianza, si procedette alla consegna del documento, da parte di ufficiali dei Ros, alla zia, sorella di Piddu Madonia. Costei abitava a più di cento chilometri dalla residenza di Ilardo a Catania. Fu come mettere il sigillo sul ruolo di infiltrato di Luigi Ilardo. Madonia e Provenzano non ebbero esitazioni.

Quando fu chiesto perché la consegna di quel documento fosse stata fatta alla zia, per di più sorella di Madonia, la risposta fu che Ilardo aveva cambiato residenza rispetto a quella di Catania, ove c'era l'abitazione dei congiunti. Fatto non vero. In seguito, si è assunto che esisterebbe un'elezione di domicilio presso la zia, per le notifiche. Il detto documento viene citato ma non acquisito. Sulla base della sola citazione dell'asserito documento, il pm di Catania ha chiesto, a febbraio 2025, e ottenuto l'archiviazione del procedimento a carico di ignoti.

Ma è in verità ben strano che Ilardo, avendone uno proprio, avesse eletto domicilio nel luogo meno indicato, avendo nel frattempo già fornito ai Ros indicazioni per catturare persone vicine al clan di Cosa Nostra, facendo lievitare il sospetto del tradimento. Proprio i Carabinieri provvidero alla notifica e sempre i Carabinieri denunciarono poi per mafia la sorella di Madonia. Madonia fu condannato all'ergastolo, con altri, per l'uccisione di Ilardo.

Ripeto che a seguito di questa vicenda si è aperta un'indagine sul conto del generale Mori, essendo stati i carabinieri che eseguirono la notifica suoi subalterni. Assolti. Poi si è aperto un procedimento contro ignoti, e il 4 febbraio 2025 il gip di Catania, su richiesta del pm, ha archiviato il procedimento. Com'è noto, tuttavia, l'archiviazione non è una sentenza di assoluzione, bensì un provvedimento allo stato degli atti, suscettibile di riapertura delle indagini.

Quindi?

Ho deciso di assistere Luana Ilardo e i suoi fratelli. Farò il massimo perché si arrivi alla verità, perché ci siano risposte alle domande che inquietano, perché si giunga all'individuazione dei responsabili che vollero la soppressione dello scomodo collaboratore. Una risposta di giustizia a cinque bambini, ormai adulti, che persero il padre, il quale voleva aiutare lo Stato nella lotta a Cosa Nostra, facendone catturare il capo.

Intreccio perverso quello fra il prolungamento della latitanza di Provenzano e la tragica scomparsa di Ilardo. Cosa nasconde a suo avviso?

Penso che la latitanza più che decennale di Provenzano sia un segmento importante della trattativa Stato-mafia, su cui la Cassazione ha fatto cadere il suo sigillo assolutorio. La formula assolutoria e la motivazione sono importanti: è stato ritenuto che il fatto non sussista, ossia che non ci siano prove, oltre ogni ragionevole dubbio, che Mori, De Donno e il generale Antonio Subranni – ex comandante dei Ros e coimputato nel processo sulla trattativa Stato-mafia – abbiano veicolato la minaccia proveniente da Cosa Nostra ai vertici dello Stato. La richiesta del procuratore generale di annullamento con rinvio per un nuovo processo al fine di approfondire alcuni elementi essenziali è stata rifiutata dalla Cassazione, con la motivazione che erano passati troppi anni dai fatti e, peraltro, molti protagonisti erano deceduti.

Così la sentenza:

> Il lunghissimo lasso di tempo decorso dai fatti oggetti di accertamento, il decesso di molti soggetti coinvolti nella vicenda oggetto di scrutinio (il Presidente della Repubblica Oscar Luigi Scalfaro, il Ministro Giovanni Conso, il Vice direttore del D.A.P. Francesco Di Maggio), l'avvenuta escussione [interrogatorio, *N.d.R.*] di tutti gli altri soggetti coinvolti e l'ampia dialettica processuale svoltasi sui punti controversi, sia nel giudizio di primo che di secondo grado, non consentono [...] di ritenere che la celebrazione di un giudizio di rinvio possa, in alcun modo, arrecare contributi utili all'ulteriore chiarimento della regiudicanda.
> L'ampia e completa istruttoria dibattimentale svolta in primo grado, ulteriormente integrata nel giudizio di appello, ha, dunque, ormai esaurito le possibilità di accertamento del giudizio penale sui fatti ancora controversi relativi ai reati contestati nel presente processo.

Il reato contestato al corleonese Leoluca Bagarella di minaccia allo Stato è stato pertanto dichiarato prescritto, perché la suddetta minaccia sarebbe stata solo tentata, in mancanza di prova certa che essa fosse stata veicolata. E la pena prevista per il tentativo, essendo inferiore, ha comportato la prescrizione per decorso del tempo.

Ora, quindi, la verità giudiziaria è che lo Stato è pulito e che mai ci fu alcuna trattativa con la criminalità organizzata.

Si ricorda l'enfasi di orgoglio per il successo dello Stato nell'arresto di Provenzano? Insomma, sembrerebbe la storia parallela a quella di Matteo Messina Denaro, latitante indisturbato, a lungo ignoto alla collettività e alle forze dell'ordine. Inquieta ancora pensare alla precisione con cui è stata anticipata la cattura di quest'ultimo, avvenuta il 16 gennaio 2023, da Salvatore Baiardo, in un'intervista rilasciata a Massimo Giletti nel novembre 2022. Baiardo era già stato giudicato colpevole di aver coltivato la latitanza dei fratelli Giuseppe e Filippo Graviano, pluricondannati per diverse stragi e vicini alla politica, in particolare a Marcello Dell'Utri, anch'egli condannato per mafia nonché beneficiario testamentario di trenta milioni di euro lasciatigli da Silvio Berlusconi.

A cosa riconduce quest'altra vicenda che ha appena introdotto?

Lo spiego subito. Di Dell'Utri, di Berlusconi e dei Graviano ebbe a riferire, nel 2009, Gaspare Spatuzza, mafioso che dimostrò le menzogne di Vincenzo Scarantino, autoaccusatosi di essere l'autore del furto della Fiat 126 utilizzata per la strage di via D'Amelio.

Scarantino, il cosiddetto «picciotto della Guadagna». Ci parli un po' di lui.

Vincenzo Scarantino fu portato in trofeo come collaboratore di giustizia dal superpoliziotto Arnaldo La Barbera e ben accolto dal procuratore della Repubblica di Caltanissetta Giovanni Tinebra. Io partecipai a due interrogatori a Pianosa, a uno a Caltanissetta e a un altro a Jesolo. La collaborazione era altamente sospetta e i magistrati Ilda

Boccassini e Roberto Saieva lo misero per iscritto. Io stesso rinunciai a difenderlo a causa del suo racconto inverosimile, secondo cui avrebbe ascoltato tutto della riunione provinciale di Cosa Nostra per la programmazione della strage di via D'Amelio dall'uscio di una stanza. Al suo interno vi sarebbe stato un tavolo ovale intorno al quale, oltre a Riina e altri boss, collocò anche due semplici soldati, Gioacchino La Barbera e Santino Di Matteo. Ne descrisse la fisionomia. Quando dovette fare il riconoscimento fotografico, però, non fu in grado di indicarli. Gaspare Spatuzza, uomo dei Graviano poi pentito, fornì invece riscontri oggettivi, ignoti e insuperabili sul garage in cui era stata nascosta e imbottita di esplosivo la Fiat 126 e su una specifica caratteristica dell'impianto frenante, non visibile ma riscontrata. Spatuzza riferì che era stato cambiato, perché non funzionante, il blocco freno. La verifica accertò che il blocco era nuovo con assenza di usura.

Quello di Scarantino fu un percorso di ritrattazioni e ritrattazioni delle ritrattazioni. Ricordo che un giorno, alla Direzione investigativa antimafia (Dia) di via Fea, a Roma, si trovò anche Francesco Marino Mannoia, ex mafioso della Guadagna. Fu messo a confronto con Scarantino, perché in grado di capire se veramente fosse un uomo d'onore affiliato, in quanto lo conosceva fin da ragazzino, quando gli andava a comprare le sigarette. Gli fece le domande giuste e Scarantino restò muto. Non era un uomo d'onore, e la sua asserita presenza a una riunione della Commissione provinciale di Cosa Nostra era impossibile.

Come non ricordare la fiera determinazione del sottosegretario all'Interno Alfredo Mantovano, presidente della Commissione ministeriale centrale per i collaboratori di giustizia, a non concedere lo status di collaboratore a Gaspare Spatuzza? Ciononostante, il detto provvedimento fu stravolto dalla sentenza del Tar, e la Commissione ministeriale fu costretta ad applicare il contratto di protezione. Ebbene, dopo quindici anni ritroviamo nell'attuale governo, proveniente dalla Cassazione, il magistrato Mantovano, nel ruolo di sottosegretario alla presidenza del Consiglio, con delega ai servizi segreti.

Quando si trattò di negare lo status di collaboratore a Spatuzza, il sottosegretario Mantovano affermò: «Io sono un magistrato e applico la legge». Chissà se ha applicato la stessa legge nel caso dell'utilizzo del volo di Stato che ha riportato in Libia il generale e criminale Almasri.

Detto tutto questo e ritornando alla vicenda di Ilardo e Provenzano, è fondamentale che si sappia degli undici anni di latitanza protetta di cui quest'ultimo ha beneficiato.

Cosa, e a chi, Provenzano poteva garantire?

Lo spostamento dello stragismo dalla Sicilia al continente (via dei Georgofili a Firenze, via Palestro a Milano, San Giovanni in Laterano e San Giorgio in Velabro a Roma e, sempre nella capitale, la fallita strage all'Olimpico). Chi voleva non la sconfitta di Cosa Nostra, ma la sua presenza criminale in un clima di pax mafiosa? Chi poté continuare a lucrare, chi decise di imbrogliare i cittadini, chi smantellò il principio costituzionale della sovranità che appartiene al popolo? C'è un filo rosso che arriva sino ai nostri giorni, e l'opera di smantellamento è al lavoro. I picconatori di una democrazia fragile e ricattabile non si fermano. Come ho già detto, il popolo è stanco. Preferisce attendere l'uomo forte, che lo sollevi da ogni preoccupazione. Cambiano alcuni scenari, ma la storia si ripete.

Cosa intende dire?

Vorrei fare altri esempi significativi. Nel processo per la strage di piazza Fontana si accertò la falsa dichiarazione di tale Marco Pozzan, centralinista-bidello di un collegio, vicino a Franco Freda. Costui era stato «testimone» di un incontro, ossia vi aveva preso parte, tra lo stesso Freda, Giovanni Ventura e una quarta persona giunta alla stazione di Padova. In sede processuale, aveva dichiarato che l'attesa era per due ragazze, in previsione di una serata galante. Tant'è che il presidente della Corte d'assise di Catanzaro, Pietro Scuteri, gli disse: «Una ragazza per lei, una per Freda. E Ventura? Rimaneva in bianco?». Pozzan rimase muto.

Ebbene, Pozzan fu fatto espatriare in Spagna dai servizi segreti su ordine di Antonio Labruna, dopo una permanenza in un appartamento in via Sicilia, a Roma, di proprietà dei servizi segreti stessi.

Freda scappò in Costa Rica, aiutato da politici di destra e 'ndranghetisti.

Guido Giannettini, già giornalista del «Secolo d'Italia» e iscritto all'Msi, fu sospettato di essere la quarta persona attesa alla stazione di Padova. Io continuo a ritenere che potesse trattarsi di Stefano Delle Chiaie, il cui alibi non reggeva. Anni dopo, Delle Chiaie, intervistato da Enzo Biagi, disse che la persona giunta alla stazione di Padova era Giannettini. Quest'ultimo, comunque, prima fu ospitato nello stesso appartamento di via Sicilia, poi il capitano Labruna lo fece accompagnare in Spagna. Da lì, trovò rifugio in Argentina, per poi costituirsi presso l'ambasciata italiana di Buenos Aires, sostenendo di temere per la sua vita. I servizi segreti, diretti all'epoca dall'ammiraglio Eugenio Henke, furono sollecitati dalla magistratura a comunicare se Giannettini fosse un agente dei servizi. Inutilmente.

Un bel giorno, però, Giulio Andreotti si fece intervistare sul settimanale «Il Mondo» dal giornalista Massimo Caprara, già segretario particolare di Palmiro Togliatti, e rivelò che Giannettini era effettivamente un agente dei servizi. Chiesi ad Andreotti, in aula a Catanzaro, la ragione per cui, dopo l'ostinato silenzio dell'ammiraglio Henke, avesse scelto la strada dell'intervista per rivelarne il ruolo. Andreotti rispose seraficamente che, essendoci state polemiche sul silenzio dei servizi, aveva ritenuto opportuno offrire all'opinione pubblica il massimo della trasparenza.

Stefano Delle Chiaie, già iscritto all'Msi e fondatore di Avanguardia nazionale, strettamente legato a Mario Merlino (infiltrato nel circolo anarchico 22 Marzo a Roma, frequentato da Pietro Valpreda e coimputato nelle stragi di Milano e Roma del 1969), mentre veniva interrogato dal giudice istruttore Ernesto Cudillo a Roma, chiese una sospensione per andare in bagno e si diede alla fuga. L'attesa per la ripresa dell'interrogatorio durò sedici anni. Delle Chiaie fu arrestato in Spagna e, in seguito, confessò di essere stato in stretto contatto con i servizi segreti e con l'Ufficio affari riservati.

Alla fine della storia, tutti assolti.

Un altro esempio, oggi pressoché dimenticato, è la strage di Peteano del 31 maggio 1972, che vide l'uccisione di tre carabinieri, attirati in una trappola attraverso una segnalazione telefonica anonima che riferì di un'automobile sospetta con apparenti fori di proiettili alla portiera. Un carabiniere provò ad aprire il cofano e tutti furono investiti dallo scoppio di una bomba. Poi, strane e confuse indagini e depistaggi. Quindi, l'identificazione della voce di chi aveva fatto la telefonata-trappola, tale Carlo Cicuttini, segretario di una sezione dell'Msi, anch'egli fuggito in Spagna. Si accertò che Almirante gli aveva fatto pervenire 35.000 dollari per effettuare un intervento alle corde vocali, al fine di alterare la prova del riconoscimento della voce. Imputato di favoreggiamento, Almirante fu prosciolto per un'intervenuta amnistia, mentre gli autori della strage furono condannati all'ergastolo. Almirante dapprima tentò di evitare l'autorizzazione a procedere. Poi usufruì dell'amnistia, cui avrebbe potuto rinunciare se avesse voluto. Non lo fece. Una macchia indelebile. Tre carabinieri uccisi. Uno aveva ventitré anni. Il terrorista Vincenzo Vinciguerra, che anni dopo ammise la sua responsabilità, disse che la logica dell'attentato era «destabilizzare l'ordine pubblico per stabilizzare l'ordine politico».

Storie vecchie, le obietteranno. Tutte slegate fra loro. Con protagonisti e comparse che perseguivano fini differenti. Non crede?

Sarà così. Però è curioso che la presidente del Consiglio Meloni, sulla sua pagina Instagram, abbia in questo modo commemorato, nel 2022, Giorgio Almirante:

> A trentaquattro anni dalla morte di Giorgio Almirante ricordiamo un uomo coraggioso, onesto, rispettato e stimato dagli amici ma anche dai suoi avversari. Un grande politico

che ha saputo trasmettere alle successive generazioni idee, valori, tradizioni e un infinito amore per la nostra Nazione. La destra italiana non dimentica.

Il suo interesse per le corde vocali altrui verrebbe da aggiungere...

Tutto ciò non significa nulla? Bisogna rileggere l'inchiesta sul «Mulino» del 30 maggio 2022, a firma Paolo Morando, per fare luce sul terrorismo di destra. Certamente Giorgio Almirante fu un personaggio di rilievo nel panorama politico dell'epoca. Ma in lui c'era un'accentuata ambiguità di fondo, che fu ben recepita da frange di estremisti che approdarono al terrorismo e allo stragismo. Troppe volte cedette all'estremismo, sollecitando la piazza. Non parlò mai di democrazia e, anzi, affermò che la parola «democrazia» sarebbe uscita stonata dalle sue labbra: «"Democratico" è un aggettivo che non mi convince».[3]

Con rispetto per i tanti italiani che si definiscono di destra e che votano per Fratelli d'Italia, non si possono ignorare i richiami alle «idee, valori, tradizioni» di Almirante della presidente Meloni. Il suo «la destra italiana non dimentica» mette in chiaro la matrice autoritaria di fondo della sua visione politica e del suo partito, che si traduce in ingordigia di potere. Sempre tenendo in considerazione, ovviamente, l'oggettivo relativismo storico.

Peraltro, Almirante rivendicò sempre, e pubblicamente, di essere fascista. In un suo affollatissimo comizio a Firenze,

[3] https://www.ilpost.it/2020/01/22/storia-giorgio-almirante.

il 4 giugno 1972, non escluse di dover ricorrere allo scontro fisico e di piazza, esaltando l'uditorio:

> Se il governo abdicherà alla sua funzione di Stato, noi siamo pronti a surrogare lo Stato. Queste non sono parole, e invito i nostri avversari a non considerarle tali. I nostri giovani faranno suonare il campanello d'allarme ovunque, nelle fabbriche, nelle campagne, nelle scuole. Ai giovani diamo appuntamento per la riapertura dell'anno scolastico: o saremo presenti o per l'Italia saranno guai… I nostri giovani devono prepararsi allo scontro frontale con i comunisti, e siccome una volta sono stato frainteso e ora desidero evitarlo, voglio sottolineare che quando dico scontro frontale intendo anche scontro fisico.

Almirante celebrò i golpe di Pinochet in Cile e dei colonnelli in Grecia.[4] Rare sono le tracce di accettazione della democrazia nella storia dell'Msi, al punto che l'ammiraglio Gino Birindelli, che ne fu presidente tra il 1972 e il 1973, si dimise accusando il partito di essere coinvolto in troppi atti di terrorismo, citando uno per uno numerosi avvenimenti tragici. La scissione e la successiva nascita di Democrazia nazionale fu presa a pretesto da Almirante per accusare i servizi segreti e i «traditori» scissionisti.

[4] Esistono atti parlamentari e testimonianze che riportano la sua ammirazione per quei regimi, ad esempio la trascrizione del dibattito parlamentare del 26 settembre 1973 in cui esprime sostegno a Pinochet (https://documenti.camera.it/_dati/leg06/lavori/stenografici/sed0155/sed0155.pdf?) o la registrazione di una conferenza stampa dell'Msi durante la quale rivendica il suo appoggio ai Colonnelli in Grecia (https://www.youtube.com/watch?v=cx2ON7QlkE0).

Ebbene, la presidente Meloni rivendica alla storia e alle radici di Fratelli d'Italia la figura e le idee di Almirante. D'altra parte non potrebbe rinnegarle, perché perderebbe una fascia di elettorato che invece deve blandire per non pregiudicare il consenso che attualmente le garantisce il potere. Senza però prendere esplicitamente posizione a favore dei gruppi più estremi della destra definita «postfascista», impregnata di violenza e che si alimenta di riti agiografici, per non parlare poi della vicinanza al nazismo. Sono altresì convinto che Meloni non abbia espresso un'opzione ideologica, bensì sia benevolmente attratta dalla manifestazione di potere del regime fascista con avversione per gli oppositori, cui era riservato il Tribunale speciale per la sicurezza nazionale, organo giurisdizionale istituito nel 1926 e sciolto il 25 luglio 1943. Esemplare in tal senso è la scoperta dello spionaggio degli apparecchi telefonici di giornalisti, che, indipendentemente da chi abbia utilizzato il sistema Paragon fornito al governo italiano, secondo Meloni non sarebbe una priorità, essendoci cose ben più importanti di cui occuparsi. Ma cosa c'è di più importante dei valori costituzionali della democrazia e della libertà? Per Meloni sarebbero frattaglie che vengono dopo che cosa?

Nella sostanza, il mio pensiero è che la destra è ingorda di potere e di scelte autoritarie. Lo dimostrano gli imbarazzanti tentativi di abbracciare le destre internazionali e di convergere sulle loro posizioni (da quelle del partito Vox spagnolo a quelle di Trump e Orbán).

Ma lei conosce benissimo il mantra secondo cui tutti costoro sono stati eletti democraticamente.

Sì, e lei sa perfettamente che anche Hitler andò al potere con il voto e, pur con un passaggio democratico discutibilissimo, lo stesso vale per Benito Mussolini. Sarebbero stati, quindi, dei democratici? E dove li collochiamo i campi di sterminio e il genocidio? Purtroppo, sono ancora temi di estrema attualità.

È perfettamente inutile chiedere alla presidente Meloni di proclamarsi antifascista o di eliminare la base della fiamma (che si eleva dalla tomba di Mussolini e si alimenta del suo mito e ricordo) dal simbolo del suo partito. Perché farci prendere in giro? La presidente Meloni sarebbe fascista, neofascista, postfascista? Vi sentireste rassicurati se vi dicesse che è antifascista? Ricorderebbe, al massimo, la svolta di Fiuggi, cui contribuirono, per opportunismo, i cosiddetti colonnelli di Gianfranco Fini. Vogliamo parlare, a tal proposito, di Ignazio La Russa e del «giovedì nero di Milano»?

Così, il 12 aprile 2023, in occasione dell'anniversario, «il Post»[5] ha ricostruito quella vicenda:

> Il 12 aprile 1973 ci fu una manifestazione a Milano, organizzata dall'Msi e dal Fronte della Gioventù. Nel corso di quella manifestazione venne ucciso un agente di polizia di 22 anni, Antonio Marino. Contro di lui venne scagliata una bomba a mano che lo colpì al petto uccidendolo. Altri dodici poliziotti furono feriti [...]. Subito prima [...] era stata lanciata un'altra bomba dello stesso tipo. Quella giornata venne chiamata sui giornali il «giovedì nero di Milano».

[5] *Cosa fu il «giovedì nero di Milano»*, «il Post», mercoledì 12 aprile 2023, https://www.ilpost.it/2023/04/12/giovedi-nero-milano-morte-antonio-marino.

Erano settimane di forte tensione a Milano e in tutta Italia. Il 7 aprile Nico Azzi, un militante fascista del gruppo La Fenice fino a poco tempo prima iscritto all'Msi, aveva tentato di collocare una bomba nel bagno del treno direttissimo Torino-Roma. Mentre la stava ancora posizionando, però, una piccola quantità di tritolo della bomba esplose per un contatto e Azzi riportò lesioni permanenti a una gamba [...]. Le indagini su ciò che avvenne nel «giovedì nero di Milano» accertarono che era stato proprio Nico Azzi a fornire le bombe a mano ai manifestanti.

La questura aveva vietato all'Msi e al Fronte della Gioventù di fare un corteo che, nelle intenzioni, avrebbe dovuto andare da piazza Cavour fino a piazza del Tricolore. Qui era previsto un comizio di Ciccio Franco, noto fascista calabrese, esponente dell'Msi che nel 1970 era stato a capo dei cosiddetti «moti di Reggio Calabria» [...].

In piazza il 12 aprile a Milano c'erano i maggiori dirigenti lombardi dell'Msi [...].

La mattina del 12 aprile il prefetto di Milano vietò tutte le manifestazioni politiche da quel giorno fino al 25 aprile. Molti militanti del Fronte della Gioventù si ritrovarono quel pomeriggio, verso le 17.30, alla sede dell'Msi in via Mancini e da lì andarono verso piazza del Tricolore [...]. Da lì partì una delegazione diretta in prefettura per protestare contro il divieto di manifestare. La delegazione era guidata da Franco Maria Servello, federale di Milano. Con lui c'erano i parlamentari Franco Petronio e Ciccio Franco. C'era anche Ignazio La Russa, attuale presidente del Senato, allora segretario lombardo del Fronte della Gioventù.

Le violenze cominciarono dopo le 17.30. Gruppi fascisti entrarono nella Casa dello studente di viale Romagna compiendo atti di vandalismo e poi invasero il liceo Virgilio, che all'epoca veniva considerato un «covo di rossi» [...].

> Verso le 18.30 venne lanciata una prima bomba a mano che ferì un poliziotto e un passante. La seconda bomba uccise l'agente Marino.
> Già il giorno successivo l'Msi cercò di prendere le distanze da ciò che era accaduto e mise una taglia di cinque milioni di lire per chiunque avesse potuto fornire informazioni sui colpevoli. La taglia fu ottenuta dall'allora segretario provinciale del Fronte Universitario d'Azione Nazionale, il movimento universitario dell'Msi: già la stessa sera del 12 aprile aveva riferito tutto all'ufficio politico della questura. Dopo la manifestazione vennero trovate bombe molotov, mazze, caschi. Secondo quanto ricostruito dalle indagini, i disordini erano stati programmati da tempo.
> Vennero arrestati due militanti fascisti: Maurizio Murelli, di 19 anni, e Vittorio Loi, di 21, figlio dell'ex campione di pugilato Duilio Loi. L'Msi cercò subito di «scaricarli», anche se Murelli era all'epoca iscritto al partito [...].
> Maurizio Murelli venne condannato a 18 anni di carcere, Vittorio Loi a 19, Nico Azzi a 2 per aver fornito le bombe. Loi e Murelli vennero condannati a risarcire la famiglia dell'agente Marino con ventidue milioni di lire.
> Nel 2020 Maurizio Murelli ha pubblicato un lungo video su YouTube in cui dice di sentirsi ormai lontano dall'esperienza fascista, e di condividere invece le idee della Quarta teoria politica del filosofo russo Alexander Dugin.

Nel video, andato in onda il 12 novembre 2023 nella trasmissione *Report*,[6] Murelli ha inoltre dichiarato un inedito: il denaro (ventidue milioni) per risarcire la vittima uccisa dalla bomba da lui lanciata gli fu dato dall'onorevole Antonino La Russa, padre di Ignazio La Russa. Fu grazie

[6] https://www.facebook.com/watch/?v=366264439121136.

al risarcimento che poté avere una pena ridotta e uscire dal carcere dopo undici anni.

L'attuale presidente del Senato non ha mai chiesto scusa agli italiani per essere stato alla testa del corteo non autorizzato che si scontrò con la Polizia e da cui furono lanciati gli ordigni che uccisero il giovane agente Antonio Marino. Si è limitato ad affermare che per lui si trattò di una ferita dolorosa. Osservo che per Antonio Marino si trattò di una ferita mortale.

La «ferita dolorosa» non sembra essere stata di ostacolo alla carriera di Ignazio La Russa, che, anzi, occupa oggi la seconda carica dello Stato. Perché è stato scelto proprio lui?

Almirante ripeteva spesso, citando Augusto De Marsanich: «Non rinnegare e non restaurare». Nessuno ha mai rinnegato. Italo Bocchino, direttore editoriale del «Secolo d'Italia», già organo dell'Msi, ripete che se ci fosse il fascismo sarebbe antifascista, ma che oggi, escludendo che esista una nuova forma di fascismo, non può dichiararsi antifascista. Gianni Alemanno, già dirigente nazionale dell'Msi, ministro e sindaco di Roma, ha fondato un nuovo partito sovranista che propugna l'uscita dall'euro e rivendica con orgoglio di aver lanciato in passato bottiglie molotov contro l'ambasciata dell'Unione Sovietica in un assalto con altri giovani missini. C'è poi il movimento Fiamma tricolore, decisamente nostalgico.

In occasione dell'ottantesimo anniversario della Liberazione, il 25 aprile 2025, la presidente Meloni ha dichiarato che si riconosce nei principi, nei diritti, nella democrazia e nella libertà che furono sradicati dal fascismo. Molti politologi, come Paolo Mieli, hanno commentato positivamente questo inebriante passo avanti. Beati loro che ci credono. Per me, sono solo parole.

Per di più, c'è una domanda che mi martella nella testa: la storia d'Italia l'hanno scritta forse i servizi segreti? È un caso che li si incontri sempre nelle trame delle terribili vicende che hanno insanguinato il nostro Paese, devastandolo? Nelle vicende di piazza Fontana, nello stragismo mafioso, nel depistaggio su via D'Amelio, nella strage di Capaci, nella trattativa Stato-mafia...

Quindi, secondo lei, questa osservazione vale anche nel caso della mafia?

Nel caso di Capaci, Antonino Gioè, presente sulla collinetta insieme a Brusca per azionare il telecomando che avrebbe provocato l'esplosione, era in rapporto con Paolo Bellini, conosciuto in carcere a Sciacca e sedicente sudamericano con documenti falsi. Bellini proveniva dalle organizzazioni giovanili dell'Msi e aveva poi aderito ad Avanguardia nazionale di Stefano Delle Chiaie, anch'egli proveniente dal Movimento sociale.

Con Bellini, Gioè parlò di un possibile attacco al patrimonio artistico, con attentato dinamitardo alla Torre di Pisa – colloquio confermato dallo stesso Bellini, che, a sua discolpa, ha dichiarato (smentito dall'ex mafioso Santino Di Matteo) che sarebbe stato Gioè a parlarne e non lui a suggerirlo. Il 1° luglio 2025, Bellini è stato condannato in via definitiva per la strage di Bologna. In quella di via D'Amelio, il depistaggio Scarantino fu condotto da La Barbera, dirigente di Polizia e membro dei servizi. Il generale Mori, già facente parte dei servizi, ne è diventato direttore nel 2001 e De Donno ne ha fatto parte. Entrambi, di fatto, sono consulenti della Commissione parlamentare che indaga su via D'Amelio.

È con costoro che si vorrebbe riscrivere la storia e risolvere i misteri? Per me si tratta di una presa in giro.

E si torna dove siamo partiti: la Commissione antimafia.

È quello lo snodo principale. A riscrivere la storia ci sta provando la Commissione parlamentare antimafia con la presidente Chiara Colosimo, di Fratelli d'Italia, che però ignora tutte le richieste di audizioni inoltrate, attraverso un documento analitico (la memoria pubblicata in Appendice a questo libro), dal senatore ed ex magistrato Roberto Scarpinato e, addirittura, presenta una proposta di modifica della legge istitutiva della Commissione. A quale scopo? Per escludere dalla stessa Scarpinato e Federico Cafiero De Raho, poiché in preteso conflitto d'interesse, essendo stati procuratore generale di Palermo e procuratore generale alla Direzione nazionale antimafia e antiterrorismo (Dnaa). Non è escluso che, quando sarà pubblicata questa intervista, il disegno di legge di Colosimo, ora incardinato al Senato, possa essere diventato legge, e che i presidenti delle Camere abbiano eseguito l'estromissione di Scarpinato, e forse di De Raho, per conflitto d'interessi.

Dunque, qui si parla di conflitto d'interessi. Che però non vale nel caso della nomina a presidente della Commissione antimafia di Colosimo, parlamentare appartenente alla cerchia ristretta della presidente del Consiglio. La stessa Colosimo che, a gennaio 2014, ha pubblicato sulla sua pagina Facebook una propria foto (fatta sparire nell'aprile 2023, poco prima della sua nomina a presidente della Commissione antimafia, ma inutilmente, perché nulla si cancella dalla rete) seduta con l'ex membro dei Nuclei armati rivoluzionari (Nar), gruppo terroristico di estrema destra, Luigi Ciavardini. Quest'ultimo, ricordiamo, condannato per la strage di Bologna.

Per aver richiamato, durante un breve intervento su La7, ospite a *Otto e mezzo* di Lilli Gruber il 23 ottobre 2024, questo precedente e per aver stigmatizzato il rifiuto in blocco delle richieste di indagine di Scarpinato, lei stesso, Lodato, è stato querelato dall'onorevole Colosimo. Come si diceva, insomma, la politica non risponde sui fatti. Querela chi li menziona.

È come se io, per assurdo, rivelassi che un mio cliente fosse stato avvisato dell'imminenza dell'arresto da un esponente politico di alto grado e fosse riuscito, grazie alla soffiata, a rifugiarsi, che ne so, in Slovenia. E per questo ricevessi una querela dal suddetto politico, o da qualcuno a lui vicino, non perché indignato dalla notizia in sé, ma per il fatto di averla diffusa. Non mi pare molto diverso da quanto ha fatto Ignazio La Russa, il quale ha promesso, com'è avvenuto, di farmela pagare per la mia denuncia del caso della liberazione del generale e criminale Almasri.

Il 25 maggio 2025, però, è accaduto un fatto, forse su consiglio di qualche importante sponsor di Colosimo, troppo sbilanciatasi. La presidente della Commissione antimafia ha partecipato all'inaugurazione della scuola politica Piersanti Mattarella a Palermo. In tale occasione, ha dichiarato che c'è il terrorismo nero dietro le stragi di piazza Fontana, della stazione di Bologna, dell'omicidio Mattarella. Ha finanche chiesto perdono per la sua foto con il terrorista Ciavardini. Insomma, dalla querela a chi le ha ricordato quella foto alla richiesta di perdono e alle scuse.

La sua analisi mostra tinte sempre più fosche.

Non servono gli zuccherini. L'estrema destra è intollerante, e in molti sostengono, come ha dichiarato Corrado Formigli a *Otto e mezzo* il 5 maggio 2025, che la forza della democrazia è la tolleranza dell'intolleranza. Io la penso diversamente. Ritengo che l'intolleranza dimostrata dall'attuale governo, anche lasciando correre su manifestazioni plateali (cortei di inquadrati vestiti di nero, slogan trucidi e saluti fascisti), miri a farci abituare alla convivenza con la conquista di spazio dell'estrema destra, all'indolenza nei suoi confronti e all'espansione del suo potere. Io non credo che la democrazia, nel nostro Paese, sia forte, vaccinata, e che la sua forza stia nell'ammettere l'intolleranza.

Anche Luigi Manconi, sulla «Repubblica», ha affrontato questo delicato tema, sottolineando che lo Stato di diritto, in democrazia, deve perseguire i reati e non le idee. Condivido questo principio. Peraltro il reato apologetico, nella sua accezione di manifestazione del pensiero, è stato dichiarato incostituzionale nel 1970.

Ho ricordo del giornalista Mario Cartoni, già partigiano anarchico della brigata garibaldina a Monte Giovi (località in provincia di Firenze, storica per la Resistenza), che un giorno mi disse che la libertà è poter dire bene del male e male del bene, sicché dovevano essere cancellati dal nostro Codice penale i reati di vilipendio delle istituzioni e l'apologia di reato. È radicalismo libertario estremo. Cartoni affermò anche che la differenza tra fascismo (con il «me ne frego») e democrazia (con l'«*I care*» di don Lorenzo Milani), a suo avviso, stava tutta qui. Come disse il grande cantautore Giorgio Gaber, «libertà è partecipazione».

Infatti, il primo bersaglio della politica è diventato proprio la partecipazione popolare, che viene ostacolata con tutti i mezzi.

C'è partecipazione nel nostro Paese? I votanti calano, oltre un terzo degli elettori, al momento, si astiene. Il presidente del Senato ha invitato chiaramente gli italiani a non andare a votare all'ultimo referendum, e così tutti gli altri esponenti del governo, compreso il ministro dell'Interno.

Ci sarà una reazione all'antidemocrazia? I cittadini si sentiranno offesi da questa ingerenza sul loro diritto? Sappiamo che, per ora, la reazione non c'è stata, anche se oltre quattordici milioni di cittadini si sono recati alle urne. La presidente Meloni si è invece recata al seggio per un saluto e, con aria soddisfatta, se n'è andata senza nemmeno toccare le schede elettorali, in spregio agli italiani. La presidente del Consiglio dovrebbe rispettare il suo ruolo istituzionale.

Riprendendo il discorso, quindi, non si risponde all'intolleranza con l'intolleranza. Ma con la legge. E non esiste un momento in cui scatta l'allarme: il momento di attenzione è sempre. L'indolenza diventa prima un viottolo, poi una strada e quindi un'autostrada per gli intolleranti nostalgici, assetati di potere e vendetta.

Io non disprezzo chi si volge al passato, chi è morto per un ideale, chi coltiva sogni antidemocratici. Ma devo guardarmene. Senza cadere nel parossistico richiamo ai valori, ma operando concretamente, togliendo lo spazio a chi ha ferito la democrazia e l'ha sostituita con la dittatura. Nessuna indulgenza o comprensione. La democrazia è un valore assoluto, non materia di dibattito, così come i principi fondanti della nostra Costituzione.

Vittorio Foà disse a un fascista: «Ho vinto io e tu sei qui a parlarmi. Se avessi vinto tu, io sarei in carcere o in esilio». Parole semplici. Non trova?

C'è qualcuno che, in tutta onestà, potrebbe negare questo fatto oggettivo? Non può esistere un fascismo democratico. È una contraddizione in termini. Eppure, gli indulgenti ci credono. Prendiamone atto, e fine del discorso.

Torniamo ai processi. Faccia esempi concreti per ognuno di quei casi di cui si è dovuto occupare. Esempi di verità occultate, intendo dire.

Intendo riferirmi in particolare allo stragismo mafioso e politico. C'è qualcuno che possa sentirsi appagato dalla risposta giudiziaria? Lo ripeto: nessuno. Certo, c'è chi non vuole che si riaprano e si rileggano le pagine della storia: perché essere disturbati dai misteri? Perché scavare? Ormai, sono cose che riguardano il passato.

Sappiamo bene, però, come la storia d'Italia venga periodicamente rivisitata a uso e consumo di questo o di quello.

È come se si volesse riscrivere il Risorgimento. In fondo, a chi interessa se alcuni Paesi sono scomparsi dalla carta geografica, perché rasi al suolo? A chi interessano il milione di morti risorgimentali, le deportazioni di massa? Perché rispolverare l'agiografia della spedizione dei Mille, l'eccidio di Bronte, l'invenzione del brigantaggio, l'assedio di Gaeta, la seconda spedizione di Garibaldi che si scontra con l'esercito regio mentre tenta di muovere verso Roma, ancora sotto il controllo papale, il primo discorso di Garibaldi in Senato quando diede dell'assassino a Cavour, o le dimissioni dell'eroe dei due mondi da senatore (peraltro seguito dal senatore palermitano e generale Luigi La Porta, mio antenato garibaldino a cui Palermo dedica ancora una piazzetta)? La storia è già stata scritta. Punto.

Ogni tentativo di fare chiarezza è finzione. Ricorda il giubilo della destra per la sentenza della Cassazione sulla trattativa Stato-mafia? Ma che rottura di scatole questa trattativa! Ancora con la strage di Bologna! E basta domande sulla prigione di Moro, sugli interrogatori, sulla sua uccisione!

Caro Lodato, è come per la politica, pari passo. Ancora su fascismo e antifascismo: basta con gli album di famiglia, con busti e gagliardetti. La Resistenza è stata folclore marginale. Le stragi sono fatti di ogni guerra. Alle Ardeatine, un errore di conteggio di uno debole in matematica. A via Rasella, una banda musicale altoatesina che suonava fastidiosamente male. Fu questione di un orecchio disturbato. Matteotti fu un deputato malaticcio e tubercolotico che, dopo due schiaffi, si mise a vomitare nella macchina durante la gita fuori porta.

E dal passato siamo tornati all'oggi.

Certo. Si perfeziona all'infinito il giocattolino dei misteri apparenti, mentre ci sono segreti che tali devono restare.

Io detesto dal profondo dell'anima l'ipocrisia. Faccio un esempio.

La presidente Meloni non è la stessa persona che, dopo il naufragio di Cutro, con novanta annegati, con volo di Stato è corsa a fare il karaoke con Salvini, cantando «questa di Marinella è la storia vera, che scivolò nel fiume...»? Un annegamento cantato, altro che un inchino alle bare.

Nel 1972 partecipai alla scuola di partito dell'Msi a Montesilvano. Mi affacciai una sera nella tavernetta dell'albergo, piena di giovani. Molti cantavano, sulle note di *Marinella*: «Questa di Anna Frank è la storia vera, che uscì dal camino a primavera». Antisemitismo macabro. La destra è, oggi, quasi indifferente riguardo alla tragedia di Gaza, con bambini e donne che muoiono di fame o mitragliati dai soldati israeliani. Non è ipocrisia questa? Ora si parla di difendere la razza dal meticciato. Lo fece già Almirante, esaltato dalle leggi razziali. Pensate veramente che non ci siano eredi emuli? L'Europa vota la presa di distanza dal massacro e il governo italiano vota contro. Complesso di colpa? Ipocrisia a cento carati.

Caro Lodato, è sazio di rabbia? Sono fatti suoi. O miei. Perché il popolo vota e la democrazia ci dà torto.

Torniamo alla Commissione antimafia. Caro Li Gotti, dobbiamo arrivare a una conclusione.

Come ho detto all'inizio, in questa legislatura la Commissione parlamentare ha scelto come obiettivo principale la strage di via D'Amelio. Ebbene, la legge istitutiva della Commissione parlamentare antimafia dispone chiaramente, tra l'altro, di «indagare sul rapporto tra mafia e politica», e di farlo «sia riguardo alla sua articolazione nel territorio e negli organi amministrativi, con particolare riferimento alla selezione dei gruppi dirigenti e delle candidature per le assemblee elettive [...], sia riguardo alle sue manifestazioni a livello nazionale che, nei diversi momenti storici, hanno determinato delitti e stragi di carattere politico-mafioso».

Bene. Cosa è accaduto? Che il 13 maggio 2025, in Commissione antimafia, un componente ha avuto l'ardire di chiedere all'audito Mario Mori, già vicecapo dei Ros e poi capo dei servizi segreti, la sua valutazione sul possibile coinvolgimento di politici nelle stragi e sul ruolo di Marcello Dell'Utri nello scenario di un rapporto tra mafia e politica.

Mal gliene incolse. La presidente Colosimo non ha ammesso la domanda e Mori, così spalleggiato, ha detto che non avrebbe risposto a nessuna richiesta sulla politica, essendo essa estranea alle ragioni della sua audizione e definendo la domanda provocatoria. Eppure, abbiamo visto chiaramente che genere di indagini impone la legge istitutiva della Commissione. Ma la maggioranza non vuole sentirne parlare.

Addirittura, l'audizione di Mori è stata accolta con scroscianti applausi dai commissari della destra. Questo sarebbe fare inchiesta? La destra ha già deciso la verità. Facesse quindi la relazione e la finissero con la farsa. Perché prenderci in giro? Che senso ha la partecipazione dei parlamentari di opposizione ai lavori della Commissione? È finito il contraddittorio democratico, basta con la dialettica, la riflessione, la critica, la ricerca di risposte ai buchi neri. Contano, ormai, solo i numeri. E la destra i numeri li ha, per lo meno abbastanza per stare al governo.

La democrazia, per la destra, è fatta solo dai numeri. Non ha altri contenuti. E il popolo accetta e si nutre di menzogne. È indifferente.

Noi non dobbiamo sapere. Bene che vada dobbiamo rimanere indifferenti. Non è una bella prospettiva.

Io, spero come altri, ho scelto una terza via. Non mi arrendo ai silenzi, alle complicità, alle riscritture, alle imposte verità di Stato. Ricorderà che in più occasioni Giorgio Napolitano ha dichiarato la necessità di cercare la verità sino allo spasimo; poi però, nel 2013, ha chiesto e ottenuto la distruzione dei nastri con le registrazioni delle sue conversazioni con l'ex presidente del Senato, ex ministro dell'Interno ed ex vicepresidente del Consiglio superiore della magistratura Nicola Mancino. Perché, caro Lodato, non fa un bel falò del suo libro *Cinquant'anni di mafia*[7] e degli altri libri che ha scritto?

Insomma, una commissione che dovrebbe cercare risposte ai misteri delle stragi sceglie invece di occuparsi solo di quella di via D'Amelio, ignorando l'omicidio di Salvo Lima, del maresciallo Giuliano Guazzelli, di Ignazio Salvo, la strage di Capaci, l'accelerazione dell'uccisione di Paolo Borsellino, l'attentato a Maurizio Costanzo, la minaccia stragista con la collocazione del proiettile d'artiglieria al Giardino di Boboli a Firenze, la strage di via dei Georgofili a Firenze, di via Palestro a Milano, della basilica di San Giovanni in Laterano e della chiesa di San Giorgio in Velabro a Roma,

[7] S. Lodato, *Cinquant'anni di mafia. Storia di una guerra infinita*, Bur-Rizzoli, Milano 2024.

la fallita strage all'Olimpico, la preparazione dell'attentato al magistrato Piero Grasso o a Calogero Mannino, oppure ancora l'avvertimento riguardo alla minaccia di morte a Cesare Previti e Marcello Dell'Utri. Vogliamo proseguire? La pubblica manifestazione di dissenso in chiave mafiosa all'inizio del primo governo Berlusconi, quando allo stadio della Favorita, durante una partita di calcio del Palermo, sugli spalti furono srotolati due grandi striscioni, uno con la scritta «BERLUSCONI DIMENTICA LA SICILIA» e l'altro con «NO AL 41 BIS». Tutto questo stragismo e questi progetti criminali di morte, le proteste plateali, le minacce di altri attentati terroristici, la trattativa Stato-mafia (così definita dallo stesso Mario Mori) appartengono a un unico contesto storico che dura due anni e arriva sino alla pax mafiosa con Bernardo Provenzano, osservato e non catturato, libero di comandare e dialogare con il soffice Stato italiano. Dovrebbe essere molto ingenua la presidente Colosimo a credere che, puntando il microscopio sulla sola via D'Amelio, possa venire fuori, come fosse un miracoloso gps investigativo, l'intera mappa delle concatenazioni tra le stragi.

Cosa teme, allora, la Commissione antimafia? Su cosa non deve, o non vuole, investigare?

Forse che si corra il rischio di incappare sul serio in una risposta a qualche mistero? Addirittura, un parlamentare dell'estrema destra non ha chiesto a Mori e De Donno qualcosa sullo stragismo, pur limitato a via D'Amelio, bensì di parlare di un'eccentrica vicenda di appalti nel territorio di Napoli e dei grandi risultati ottenuti grazie ai due auditi, con tanto di richiamo al fatto che la detta operazione sarebbe stata oggetto di studio all'Università Federico II per la sua brillantezza. È seguito il diffuso racconto di De Donno, al quale Mori aveva passato la parola. Insomma, al parlamentare della destra nulla interessava delle stragi, intendendo solo glorificare Mori e De Donno, i quali, compiaciuti, non si sono sottratti.

Ebbene, pur con tutto il rispetto possibile per la Commissione antimafia, mi chiedo se si tratti di una commissione d'inchiesta o d'insabbiamento, oppure ancora di un comitato di celebrazioni.

Ricordo male o lei in passato ha fatto parte della Commissione antimafia?

Ricorda benissimo. A tale proposito devo aprire una pagina molto delicata, che conferma la trattativa Stato-mafia e smentisce la sentenza della Cassazione al riguardo.

La premessa è che la Cassazione ha assolto perché il fatto non sussiste, in assenza di prova certa sulla trasmissione della minaccia al potere centrale da parte di Mori, De Donno e Subranni. Bagarella avrebbe solo tentato la minaccia.

Ebbene.

Nel 2010, in Commissione antimafia, il senatore Nicola Mancino, rispondendo a una mia domanda, affermò che lui era a conoscenza, nel 1992-93, di una frattura dentro Cosa Nostra con due linee, una stragista e l'altra dialogante. Gli contestai che questo elemento all'epoca era sconosciuto, in quanto solo con le dichiarazioni del collaboratore Salvatore Cancemi si apprese dell'esistenza delle due anime. Dopo alcuni giorni, Mancino mi scrisse per confermarmi che lui lo sapeva e che lo aveva già dichiarato ai giornali, allegandone le copie. È di interesse la lettera che mi scrisse il 16 dicembre 2010 (gli originali in Appendice a questo libro):

> Caro Li Gotti,
> nel corso della mia audizione dell'8 novembre u.s. davanti alla Commissione parlamentare d'inchiesta sul fenomeno della mafia, Lei, rivolgendomi una specifica domanda, ha messo in dubbio che già nel 1992-93 si potesse distinguere fra l'ala stragista e un'ala per così dire... dialogante della mafia. Confermai di averlo saputo già in quel periodo, ma Lei mi apparve non convinto.
> In proposito, il 23 maggio 1993, a Catania, parlando di mafia, io ebbi a osservare: «Sta prevalendo la componente sanguinaria dei Corleonesi». Le allego fotocopia di un articolo da «La Sicilia» del 24 maggio 1993, con le mie parole virgolettate. Aggiungo un articolo uscito qualche giorno prima (il 19 maggio 1993), da cui si ricava che l'allarme per la strategia eversiva di Cosa Nostra era all'epoca ben presente.
> Mi scusi... la pignoleria, che, talvolta, diventa utile a confermare quanto da me sostenuto.
> Buon lavoro e cordiali saluti.
> Nicola Mancino

Quindi il ministro dell'Interno dell'epoca sapeva, e rivendicava il suo ricordo di ciò che ufficialmente, a livello investigativo, non si sapeva. Si ignorava che esistesse un conflitto tra Riina e Provenzano. Eppure, il ministro Mancino disse inoltre al quotidiano «La Sicilia» che si prefigurava «una lotta ancora lunga alla Piovra, la possibilità di una nuova guerra di mafia per la conquista della supremazia all'interno di Cosa Nostra, e altre bombe».

Sul quotidiano «il Giornale» del 19 maggio 1993 si legge una sua dichiarazione in cui ricorda che per la strage sul Rapido 904 del 23 dicembre 1984 fu utilizzata la medesima strategia impiegata anni dopo per l'attentato a Maurizio Costanzo, in via Fauro a Roma, il 14 maggio 1993:

> Cosa Nostra, in collusione con elementi della camorra e personaggi dell'estrema destra, organizzò l'attentato che provocò la morte di 16 persone per distrarre la pressione delle forze dell'ordine e l'attenzione pubblica dalla Sicilia. Entrambi gli attentati avvengono in un momento in cui è fortissima l'azione dello Stato [...]. Questa strategia eversiva della mafia è lontana dall'esaurimento. Per questo, ripetere l'allarme non è manifestazione di debolezza ma responsabile valutazione delle cose.

Serve inoltre ricordare che, nel contesto degli avvenimenti stragisti del 1984 relativi al treno 904, fu condannato anche il deputato missino Massimo Abbatangelo, con l'accusa di detenzione di esplosivo. Ciononostante, nel 1992 Abbatangelo fu nuovamente candidato dall'Msi ed eletto. Riguardo alla strage del treno Italicus del 3-4 agosto 1974, fu rinviato a giudizio anche Francesco Sgrò, che aveva rivelato la notizia confidenziale di un imminente attentato a un treno organizzato da presunti ambienti universitari romani di sinistra all'avvocato Aldo Basile. Il quale, a sua volta, la riferì all'onorevole Giorgio Almirante, segretario di Msi-Dn, che denunciò il fatto in Parlamento nella seduta del 5 agosto 1974, il giorno dopo l'attentato. Fu un depistaggio e Sgrò fu condannato per calunnia. Quanto alla strage alla stazione di Bologna, con la condanna di Bellini vengono evidenziate le responsabilità di Gelli e del senatore di Msi-Dn Mario Tedeschi.

Inoltre, la convergenza tra Cosa Nostra e terrorismo nero è una realtà, come dimostrato dalla sentenza inerente al treno 904. Ai tempi, si disse che il terrorismo nero volesse ricambiare il favore fatto da Cosa Nostra, che aveva dato il suo supporto al piano di evasione dall'Ucciardone di Palermo, poi fallito, di Pierluigi Concutelli.

A questo proposito, non si può tralasciare di ricordare che Concutelli fu arrestato per la prima volta il 24 ottobre 1969 insieme a Guido Lo Porto e ad altri estremisti nei pressi del poligono di tiro di Bellolampo (frazione di Palermo), con l'autovettura carica di armi da guerra e bombe. Nel 1973, Concutelli divenne dirigente del Fuan, l'organizzazione universitaria dell'Msi, e fu poi candidato, nel 1975, al Consiglio comunale di Palermo dallo stesso Msi. Il 10 luglio 1976 uccise il giudice Vittorio Occorsio, perché indagava sull'estremismo di destra. Nel 1971, Lo Porto fu eletto per l'Msi all'Assemblea regionale siciliana, di cui divenne presidente nel 2001. Deputato per quasi un trentennio, dal 1972 al 2001, fu sottosegretario di Alleanza nazionale alla Difesa nel primo governo Berlusconi.

Ma torniamo a Nicola Mancino.

Ho citato la lettera da lui inviatami con le allegate copie degli articoli di stampa per sottolineare che egli sapeva che lo stragismo sarebbe continuato. E, infatti, le bombe e il sangue non si fecero attendere: 27 maggio 1993, via dei Georgofili; 27 luglio 1993, via Palestro; 28 luglio 1993, San Giovanni in Laterano e San Giorgio in Velabro; 23 gennaio 1994, fallito attentato all'Olimpico. È ragionevole pensare che si cercasse di incunearsi nella spaccatura tra Riina e Provenzano, considerato più dialogante. Va sottolineato, in ogni caso, che Provenzano non era contrario alle stragi, ma preferiva che venissero compiute nel continente, in modo che la mafia fosse meno esposta a ritorsioni e la pressione sul governo centrale fosse maggiore.

Al potere centrale arrivò la minaccia che ci sarebbero state altre bombe, e il ministro dell'Interno Mancino ne venne a conoscenza.

Cosa intende dire?

Che dalle dichiarazioni fatte a me medesimo da Mancino dobbiamo concludere che la minaccia fosse arrivata al vertice, con la prospettazione della frattura Riina-Provenzano. E chi la veicolò? Nel 1992 non era forse in corso la trattativa? Non fu Vito Ciancimino che, nell'ottobre del 1992, riavviò i contatti con Mori e De Donno, dicendo che avrebbe fornito elementi per la cattura del solo Riina? E non fu Mori a dichiarare, in dibattimento, che certamente Ciancimino avrebbe mantenuto la parola e che però loro, ossia i Ros, arrivarono prima alla cattura seguendo un'altra pista?

Quando una mattina a colazione, dal momento che soggiornavamo nello stesso hotel in occasione di un dibattimento a Caltanissetta, chiesi a Mori della sovrapposizione tra la promessa di Ciancimino di far catturare il solo Riina e la loro attività mirata su lui e basta, accantonando Provenzano, mi rispose che sarebbe stata esclusivamente una coincidenza. È invece mia ferma convinzione che quella fu trattativa. Non certo una coincidenza.

La sentenza della Cassazione, che ha cancellato la parola «trattativa» non riscontrando la «minaccia al corpo politico-istituzionale», non ha preso in considerazione ciò che aveva riferito il ministro dell'Interno Mancino. Questa è invece una prova chiara e diretta che la minaccia arrivò a destinazione, altro che affermare che non esisterebbe la prova della veicolazione della minaccia.

Perché non chiedere a Mancino da chi seppe che ci sarebbero state, come poi ci furono, altre bombe? E perché il ministro della Giustizia Giovanni Conso non prorogò centinaia di decreti del 41 bis? Cedeva lo Stato o no? Bernardo Provenzano rimase uccel di bosco per decine di anni, e ben undici da quando venne individuata la masseria dopo le indicazioni di Luigi Ilardo, per grazia ricevuta?

Dobbiamo glorificare le verità di Subranni, Mori e De Donno?

È dunque in questa direzione, quella sostenuta da Mori, che si muove la Commissione Colosimo?

Certo. La trattativa non ci sarebbe stata. La parola d'ordine è: lo Stato non trattò e Paolo Borsellino non fu tenuto all'oscuro di nulla.

Eppure, il 25 giugno 1992, quando Mori e De Donno si incontrarono con Borsellino, nulla gli dissero della trattativa con Ciancimino, anche se due giorni prima, ossia il 23 giugno, De Donno si era recato al ministero della Giustizia per chiedere una copertura politica ai contatti avviati con lo stesso. Dovremmo credere che si trattò di un'iniziativa solitaria di De Donno?

In seguito Mori avrebbe detto di non aver avuto nessun'altra occasione, oltre a quella, di incontrare Borsellino prima della strage di via D'Amelio. Senonché, a distanza di anni, ricordò di averlo visto fugacemente la mattina dell'11 luglio, al comando dei Ros di via Ponte Salario, a Roma, ove il magistrato si era recato per incontrare il generale Subranni. E ancora, in quell'occasione, nulla disse Mori a Borsellino della trattativa con Ciancimino, così come nulla gli disse Subranni quando la sera andarono a cena. Di quella cena Subranni ricorda solo che si trattò di una serata spensierata e che non colse alcuna preoccupazione in Borsellino, cui, anzi, «brillavano gli occhi». Quest'ultimo, aggiunge il capo del Ros, il giorno dopo era particolarmente soddisfatto, avendolo Subranni accontentato nel portarlo in elicottero ad ammirare la costiera amalfitana. Questa la *loro* verità.

Cosa teme, lei mi chiedeva, la Commissione antimafia? Su cosa non deve investigare? C'è forse timore che vengano fuori nuove tracce di coinvolgimenti estremistici di destra nelle stragi, come l'ipotizzata presenza di Stefano Delle Chiaie a Palermo all'epoca di Capaci? Non ha interesse, la Commissione, a ricostruire la particolare attenzione nei confronti della borsa di Paolo Borsellino? Chi la prese e chi la riportò? Perché il maggiore dei Carabinieri Giovanni Arcangioli, così come è stato immortalato, si allontanò frettolosamente con la borsa in mano? Borsa che poi fu nuovamente riposta sul sedile e, in seguito, portata in questura nell'ufficio di Arnaldo La Barbera. Non sono strani questi giri? Non interessa sapere il ruolo del magistrato Giuseppe Ayala, che ricevette la borsa ma assunse il suo stato confusionale a giustificazione del non ricordo relativamente ai tempi e alle persone da cui la ricevette, e anche riguardo alle persone a cui la riconsegnò? Il 30 giugno di quest'anno, la borsa è stata collocata in una teca alla Camera. Discorsi celebrativi della presidente Meloni e dell'onorevole Colosimo.

Queste le parole della presidente del Consiglio:

> Voglio salutare con il cuore chi ci ha consentito di essere qui oggi per scrivere una pagina di storia del Parlamento. Hanno permesso che uno degli oggetti più cari di Borsellino potesse diventare un simbolo visibile e il monito che merita di essere.

Nessuna delle due ha detto una sola parola sull'agenda rossa. L'oggetto «più importante e caro» per Borsellino sarebbe stato, secondo la presidente Meloni, la borsa con cui trasportava i fascicoli processuali e non l'agenda rossa da cui mai si separava.

Non vuole sapere la Commissione perché fu taciuto l'avvio del contatto con Ciancimino? Perché, ignorata l'autorità giudiziaria, si scelse l'interlocuzione con il ministro della Giustizia? Non vuole scoprire chi informò Mancino che ci sarebbero state altre bombe? O fare luce sull'omessa cattura di Provenzano, nascosto nel suo conosciuto rifugio, per anni? E sulla presenza di Valerio Fioravanti a Palermo, quando fu ucciso Piersanti Mattarella?

Qual è una possibile conclusione del suo ragionamento?

È mia opinione che la Commissione parlamentare voglia scrivere una verità «di comodo», con l'utilizzo del potere dei numeri, già anticipato con l'applauso scrosciante dei parlamentari di maggioranza alla relazione di Mori e De Donno. Come fossimo in presenza di una tifoseria interessata solo al prevalere di una tesi. Nessun patto scellerato con Cosa Nostra vi fu, nessuno tradì Borsellino, nessun altro cointeresse è da prendere in considerazione. Pure coincidenze, quelle emerse dal racconto di Gaspare Spatuzza riguardo ai contatti dei fratelli Graviano con Berlusconi e Dell'Utri, o tra il fatto che fu Giuseppe Graviano ad azionare il telecomando in via D'Amelio e la dichiarazione dello stesso di aver incontrato tre volte Berlusconi, l'ultima nel 1993. Le stragi furono solo un fatto di mafia, e nessuna nube può offuscare questa indiscutibile verità. Nulla vi fu da eccepire quando Berlusconi sbarcò in Sicilia, indisturbato, per aprire le sue televisioni, proprio in contemporanea alla richiesta di Cosa Nostra di avere una rete televisiva in cambio della cessazione delle violenze, come emerge da una lettera – in parte stracciata – sequestrata a Vito Ciancimino e acquisita nel processo d'appello a carico dello stesso. Nessun patto. Chiacchiere da bar, perché Graviano è bugiardo, non avendo portato prove dei suoi incontri con Berlusconi. Questo lo slogan: «Non esistono segreti». Questa la pietra tombale di inesistenti misteri, e fuori dalla Commissione antimafia i componenti fastidiosi e petulanti.

Ora scoppia la vicenda dei giornalisti intercettati. Mi risponda lei, Lodato: quanta democrazia c'è ancora in Italia? Possibile che non interessi al popolo italiano? Perché l'opposizione litiga e si divide, pur dinanzi all'autocrazia che avanza?

Io devo liberarmi delle tante cose che mi ustionano il cuore. C'è sporcizia, dolore e sangue. Mi faccia altre domande. Hanno un effetto catartico.

Ma l'avvocato non ci sta

Il 27 gennaio 2025, la presidente del Consiglio Giorgia Meloni ha ricevuto la comunicazione da parte del procuratore della Repubblica di Roma, Francesco Lo Voi, di essere stata iscritta nel registro delle notizie di reato. Per tutta risposta, il giorno successivo ha diffuso un video in cui ha accusato lei, come abbiamo già ricordato, di aver difeso pentiti del calibro di Buscetta e Brusca.

Noi ci conosciamo da un quarto di secolo, e ricordo che questa accusa le è stata rivolta spesso. Cosa risponde?

Caro Lodato, mi permetterà innanzitutto di precisare il suo ricordo, che pecca per difetto. Non ci conosciamo da un quarto di secolo, ma da quasi trent'anni. E la prima volta ci vedemmo in un'occasione di un certo rilievo: il 9 gennaio 1996, a Padova, per una trasferta legata al processo a Giulio Andreotti, chiamato a rispondere di concorso esterno in associazione mafiosa. Quella trasferta si era resa necessaria per motivi di sicurezza, essendo previsto l'interrogatorio di Tommaso Buscetta, il grande mafioso diventato collaboratore di giustizia.

Ha ragione. È proprio per mettere al giusto posto tanti tasselli che riguardano la sua attività professionale, ma anche un pezzo assai significativo della storia criminale e politica italiana, che abbiamo deciso di scrivere questo libro. E subito, come vede, ci siamo imbattuti in nomi non di poca importanza come quelli di Andreotti e Buscetta. Buscetta che, diciamolo subito, lei difese dall'inizio e continuò a difendere anche in anni che segnarono una fase incandescente della lotta alla mafia, sulla quale, più avanti, faremo bene a ritornare.

Rispondo subito all'accusa della presidente Meloni. Sconcerta innanzitutto il fatto che utilizzi lo stesso linguaggio dei mafiosi che mi tacciavano di essere difensore degli infami e che, per tale motivo, avevano deciso di farmi fuori già dal 1994. Motivo per cui – non su mia richiesta, in quanto ero all'oscuro di tale progetto omicidiario – fui messo sotto tutela e vi rimasi sino al 2010. Solo in seguito venni a sapere che in più occasioni c'erano stati segnali di un possibile attentato ai miei danni.

Allo stesso modo, posso affermare che da parte dei difensori dei mafiosi c'è stato ostracismo nei miei confronti. Quando andavo in aula, nessuno mi rivolgeva la parola e tantomeno mi salutava. Ovviamente, tutti temevano il giudizio dei loro clienti.

Persino quando Riina fece il mio nome pubblicamente, il che equivaleva a una condanna a morte, così come mi confermò anche Brusca quando divenni il suo difensore, non ricevetti nessuna solidarietà, neanche dal mio Consiglio dell'Ordine. Prevalevano, in quel periodo iniziale del pentitismo, una sorta di rispetto per i mafiosi irriducibili e una disistima per gli infami. Anche a livello giornalistico.

Ricordo che si distinsero per aggressività Tiziana Maiolo, Vittorio Sgarbi e Lino Jannuzzi, così come il fratello del generale Francesco Delfino, Antonio, che scriveva sul «Giornale». Quest'ultimo lo querelai. Fu condannato e mi risarcì con quaranta milioni di lire.

Si potrebbero scrivere centinaia di pagine per stigmatizzare il comportamento di avvocati e giornalisti che, per lustri, in nome di un garantismo tanto preteso quanto fittizio, entrarono in rotta di collisione con i collaboratori di giustizia che provenivano dal mondo mafioso. Ha proprio ragione lei: i mafiosi restavano rispettabilissimi, chi rompeva con Cosa Nostra veniva letteralmente isolato. Ma le sue vicende recenti dimostrano che questa subcultura avrebbe finito con il contagiare persino gli esponenti di governo.

E questo è un altro dei comportamenti che mi indignano. E che dovrebbero far indignare la stragrande maggioranza dei cittadini. Ma come? Nell'Italia di Falcone e Borsellino, che si batterono sino alla morte per l'approvazione di una legge che tutelasse i collaboratori, si osa ancora equiparare la loro figura a quella dei mafiosi che continuano a delinquere e restano al servizio delle organizzazioni criminali? C'è qualcosa d'indecente in questo atteggiamento.

Ora, però, entriamo nel merito della sua domanda iniziale. Per chiamare le cose con il loro nome, mi lasci dire che la presidente Meloni percorre gli stessi passi, senza distinguere tra mafiosi irriducibili e collaboratori di giustizia. Dicevo della legge fortemente voluta da Falcone e Borsellino: bene, all'indomani della morte di quest'ultimo e per effetto della sua morte, Giorgia Meloni rivendica di aver scelto di fare politica.

Lei crede a questa narrazione?

Ci credo poco, dal momento che, a distanza di trentatré anni dalla strage di via D'Amelio, devo prendere atto del fatto che Meloni coltiva canoni di valutazione ostili a chi è uscito dalle organizzazioni criminali. Mi ha colpito la sua acredine nell'accusarmi di aver difeso i pentiti.

A essere più precisi, l'ha accusata, se non ricordo male, di avere difeso «pentiti e mafiosi». Accomunando tutto e il contrario di tutto.

La sostanza è quella. Il suo messaggio a tutti gli italiani, a mezzo video, resta di elevata gravità: confondere mafiosi stragisti e collaboratori di giustizia, chiamati atecnicamente pentiti. Non era mai successo che un'alta carica istituzionale si esprimesse in questi termini. La presidente Meloni ha riempito la casella mancante.

Tutto ciò ha aumentato la mia disistima nei suoi confronti e la mia profonda convinzione della sua ipocrisia. In assenza di senso dello Stato e dei suoi valori, prevale il potere, la malattia del potere.

Torniamo al processo Andreotti. Come iniziò?

Il processo aveva preso avvio a Palermo il 26 settembre 1995. Sin dall'inizio, la difesa del senatore Andreotti aveva tentato disperatamente di farlo trasferire a Roma, nella speranza che fosse assegnato a un tribunale più clemente, estraneo alle pressioni che da più parti si erano scatenate, in un senso o nell'altro, anche per effetto del clamore mediatico dovuto alla caratura politica dell'imputato. Ma il processo rimase in Sicilia. Il 9 gennaio 1996, il Tribunale di Palermo fece l'udienza in trasferta a Padova.

Non fu un'udienza qualsiasi. Il clima, alla vigilia, era incandescente. In calendario vi era un match che avrebbe fatto epoca. Si fronteggiavano due personaggi dal profilo gigantesco. Da una parte il sette volte presidente del Consiglio, l'uomo politico italiano più conosciuto al mondo, il simbolo vivente dell'Italia democristiana uscita malconcia dall'inchiesta di Mani pulite, il politico per eccellenza passato già indenne da accuse di ogni tipo, sospettato di aver avuto un ruolo nelle trame che avevano segnato la storia del Paese sino a quel momento. Dall'altra, una delle persone più influenti di Cosa Nostra, di quella mafia siciliana con ramificazioni mondiali, che aveva finalmente infranto il tabù dell'omertà iniziando a collaborare con la giustizia, mettendo a disposizione l'immenso patrimonio delle sue conoscenze. Ecco perché ricordo bene quel giorno. E ricordo altrettanto bene le prime mosse della difesa di Andreotti.

Si predisposero a demolire la credibilità di Buscetta. È questo che vuole dire? Era il giro di boa che auspicavano i difensori?

L'intenzione era quella. Le cose, però, quella mattina (e il giorno successivo) andarono diversamente.

Cosa accadde?

Appena Buscetta fu condotto in aula, si sedette dietro il séparé e si rivolse al presidente del Tribunale richiamando il fatto che, pochi mesi prima, era stato pubblicato un servizio fotografico relativo a una sua crociera, con la moglie e il figlio Stefano, nel Mediterraneo. E chiese pertanto di deporre senza la protezione visiva del séparé. Il presidente, Francesco Ingargiola, rimase per un attimo interdetto. Poi si rivolse a me e ai pubblici ministeri, Roberto Scarpinato, Guido Lo Forte e Gioacchino Natoli, per conoscere la nostra opinione in merito. Ovviamente, io dissi che era una scelta del mio assistito, con il quale, peraltro, avevo già parlato il giorno precedente. Sicché il Tribunale ne prese atto e Buscetta poté incrociare lo sguardo di Andreotti e dei suoi difensori, gli avvocati Franco Coppi, Guido Ascari, Gioacchino Sbacchi.

Il presidente dispose, comunque, il divieto di riprese televisive, ordine infranto da un giornalista della Rai che, con una telecamera mobile, riprese Buscetta lasciare l'aula a fine udienza. Il giorno successivo Ingargiola censurò, molto duramente, la registrazione delle immagini, con trasmissione degli atti al pm.

Questo fu l'esordio. Il vero faccia a faccia.

Ci ricordi gli eventi salienti di quel match di portata storica.

Accadde che la squadra legale di Andreotti si era organizzata con computer, stampante e due assistenti che avrebbero dovuto, con immediatezza, fornire il supporto tecnico necessario a individuare con rapidità i documenti o i punti rilevanti utili alla difesa tra le migliaia di pagine di cui si componevano gli atti processuali. Una difesa all'americana, potremmo dire, basata su strumenti tecnologici che stavano ormai entrando a pieno titolo anche nel contesto italiano. Doveva accadere tutto in tempo reale, per imprimere ritmo ed efficacia argomentativa. A beneficio di telecamere, microfoni e inquadrature televisive, seppur con le limitazioni decise dal presidente. Senonché il sistema gestito dagli assistenti andò in tilt. Coppi si girava con insistenza verso i due, palesemente nel panico, in attesa che gli fossero consegnati i brani dei verbali da contestare a Buscetta. La scena fu piuttosto buffa. Noi assistemmo in silenzio, in attesa di capire come sarebbe andata a finire. Andreotti restò impassibile. Passarono minuti interminabili, poi Coppi decise di rinunciare al supporto degli indaffaratissimi assistenti. Cominciò proprio male. Ma non era ancora finita.

Che accadde ancora?

Che il Tribunale sollecitò più volte Coppi a fare riferimenti precisi ai brani degli interrogatori, resi da Buscetta sin dal 1984, inseriti nei verbali. Come detto, gli assistenti non furono in grado di fornire i dati richiesti e, pertanto, si ricorse alle copie cartacee, non facili da trovare. Coppi si scusò per il tempo che occorreva e si innervosì. Peraltro, alcune copie cartacee non si trovavano, tant'è che Coppi, per la stizza, cercò di togliersi la toga. Senonché il laccetto si era ingarbugliato e lui restava avvolto, nonostante le contorsioni sempre più frenetiche. A quel punto, mi alzai e mi avvicinai per dargli una mano, e fu allora che rinunciò alla scena plateale dell'avvocato che lancia la toga sul banco per protesta, gesto che ovviamente richiede tempi immediati per la sua efficacia scenica. E proseguì così il suo faticoso lavoro, ponendo domande all'inscalfibile

Buscetta. Alla fine, si trattò di un interrogatorio confuso e abbastanza breve. Fu persino revocata l'udienza del giorno successivo. Fu come se il destino avesse voluto lasciare fuori dall'aula enfasi e retorica, che invece, nei mesi a venire, si sarebbero prese abbondantemente la rivincita.

Il processo, a conti fatti, durò sette anni. E fu pomposamente definito dai giornali il «Processo del secolo». Un altro processo del secolo, quello di Norimberga, era durato però appena un anno. Ma come lei ha già osservato, la retorica giocò un ruolo importante. Come si erano permessi i magistrati della Procura di Palermo di avanzare un'accusa tanto infamante, quella d'intesa con la mafia, nei confronti dell'Uomo politico, noto per il suo proverbiale umorismo cinico, che il mondo ci invidiava?

Alla resa dei conti, il processo Andreotti spaccò l'Italia. Anche se forse sarebbe più esatto dire che contrappose l'Italia della classe politica, delle istituzioni, insomma del potere, all'Italia della società civile, ancora suggestionata dall'inchiesta del pool di Milano poi divenuta nota come «Mani pulite». Riassuma, visto che ci siamo finiti dentro, come si concluse il processo del secolo. Almeno a beneficio dei più giovani.

È presto detto. Si concluse con l'applicazione della prescrizione per decorso del tempo relativamente ai fatti riferiti da Francesco Marino Mannoia sino al 1980 e alla visita presso lo studio di Andreotti, riferita da Buscetta, che sarebbe stata fatta da Tano Badalamenti per ringraziarlo dell'aiuto consistente ricevuto per il processo ai fratelli Vincenzo e Filippo Rimi. E con l'assoluzione per i fatti temporalmente successivi riferiti da Balduccio Di Maggio, altro pentito, tra cui l'inverosimile bacio di Riina ad Andreotti. Vi fu condanna alle spese processuali e la Cassazione confermò la sentenza.

I fatti contestati ad Andreotti sino al 1980 erano precedenti all'introduzione (13 settembre 1982) nel Codice del reato di associazione mafiosa e si procedeva pertanto per concorso nell'associazione semplice. I giudici di Palermo avevano ottimi riscontri per affermare che l'uomo politico, in almeno due occasioni, si fosse recato in Sicilia per incontrare i vertici di Cosa Nostra. Viaggi segreti, ovviamente, con voli Roma-Palermo o Roma-Trapani, con aereo privato degli esattori Nino e Ignazio Salvo, non registrati. Con la complicità di Salvo Lima, onorevole democristiano e suo uomo di fiducia, e dei cugini Salvo, anch'essi democristiani e grandi imprenditori siciliani. Gli incontri fra Andreotti e i boss della mafia avevano come tema di discussione la figura di Piersanti Mattarella, presidente della Regione Sicilia e democristiano, che non intendeva piegarsi ai desiderata di Cosa Nostra. Com'è noto, le interlocuzioni di Andreotti non andarono a buon fine e Mattarella, il 6 gennaio 1980, fu assassinato.

Il tutto, però, era accaduto prima del 1982. La prescrizione di quei fatti era già scritta nel futuro di questa vicenda processuale.

Tant'è vero, ripeto, che si procedeva anche per associazione semplice relativamente ai fatti precedenti l'introduzione nel Codice dell'associazione mafiosa. E la pena, per l'associazione semplice, è notevolmente inferiore. Allo stesso modo, quindi, la prescrizione subentra in un tempo molto più breve. Ovviamente, va anche detto che la prescrizione si applica d'ufficio, anche se l'imputato che voglia vedere affermata la sua estraneità al reato contestato può rinunciarvi. Andreotti non vi rinunciò mai. Peraltro, quando nel 2003 fu emessa la sentenza che dichiarava la prescrizione e la condanna alle spese, oltre l'assoluzione per i fatti riferiti da Di Maggio, la sostituta di Coppi, Giulia Bongiorno, chiamò subito il suo illustre cliente a favore di telecamera e urlò davanti a tutti: «Presidente, assolto!». In realtà, come dicevamo, Andreotti non fu assolto per i fatti anteriori al settembre 1982. Si potrebbe dire che Bongiorno adoperò lo strumento della fake news in tempi non sospetti. A tamburo battente, Bruno Vespa organizzò a *Porta a Porta* una scenografia *ad hoc* per l'intervista ad Andreotti. Sulla falsariga della telefonata di Bongiorno, tutto il fondale dello studio fu occupato dalla scritta, a caratteri cubitali: «ANDREOTTI INNOCENTE». Lo stesso Vespa chiese ad Andreotti: «Presidente, farà ricorso in Cassazione?». Andreotti rispose di no. Poi invece lo fece, ma il ricorso fu rigettato, con conferma della sentenza e pagamento delle spese processuali a carico di Andreotti.

Morale?

Non è cambiato molto da allora. Siamo costretti a convivere con le solite modalità «all'italiana», che indignano perché ingannatrici. Servilismo e disinformazione. Eppure, con Vespa, siamo ai vertici della comunicazione giornalistica. Ricordo bene, nel 2016, la sua intervista a *Porta a Porta* al figlio di Riina, Salvo, in occasione dell'uscita del suo libro autobiografico. Così come ho ben presente la sua espressione arrabbiata nel commentare la vicenda della mia denuncia per la liberazione del generale libico Almasri.

Torniamo un attimo indietro. Poco meno di un anno prima della ricordata udienza padovana del 9 gennaio 1996 del processo Andreotti, era accaduto un grave fatto di sangue. Una delle pagine più oscure della cronaca nera di quegli anni scanditi quotidianamente da omicidi di mafia. Mi riferisco al suicidio del maresciallo Antonino Lombardo. Vorrei che ne parlasse, perché quel suicidio è fortemente concatenato sia con il processo Andreotti, sia con la figura di Buscetta, sia con la sua stessa collocazione professionale in quella fase. Ma spieghi meglio lei.

Andiamo con ordine. Nel 1995, il 4 marzo alle 22.30, all'interno dell'autovettura di servizio parcheggiata nell'atrio della caserma Bonsignore di Palermo si «suicidò» il maresciallo Antonino Lombardo. Ancora oggi, con argomentazioni solide, i figli sostengono che si trattò di omicidio.

Il maresciallo Lombardo aveva avuto contatti personali, vivendo entrambi nel comune di Terrasini, con il grande capomafia Gaetano Badalamenti, prima della fuga di quest'ultimo negli Usa. Nel 1995 il boss era detenuto nel carcere di Memphis, dove stava scontando una condanna definitiva ad alcuni decenni per reati relativi al traffico di stupefacenti commessi in America.

Badalamenti era imputato anche in Italia, a Perugia, per l'omicidio del giornalista e avvocato Mino Pecorelli, fondatore dell'«OP – Osservatore Politico». Si diceva che sarebbe stato pronto a rientrare in Italia per deporre, ma non era così semplice, dal momento che per gli Usa era un detenuto condannato, sicché sarebbe stato necessario un accordo particolare con l'Italia. Si diceva, inoltre, che sarebbe stato disponibile a «testimoniare» – come scrisse l'«OP – Osservatore Politico» – nel processo Andreotti e che avesse posto come condizione quella di essere prelevato dal carcere e accompagnato all'aeroporto dal maresciallo Lombardo in persona.

Ho anch'io ricordi professionali di quella storia. La vulgata che fu diffusa a Palermo, anche da ambienti istituzionali e delle forze dell'ordine, era che Badalamenti volesse tornare in Italia per demolire pubblicamente Buscetta, dimostrando che era un bugiardo. Il tutto nasceva dal fatto che i due potevano essere considerati dei parigrado dentro Cosa Nostra. Ragion per cui, chi voleva zittire Buscetta sperava nell'improbabile ritorno di Badalamenti nelle aule italiane.

Il clima era proprio quello che ha appena descritto. Ma una cosa erano le aspettative di certi ambienti istituzionali, giornalistici o di mafia, un'altra la praticabilità di quella strategia processuale.

In verità, Badalamenti non era un testimone, ma un imputato. Sembra dunque difficile pensare che il maresciallo Lombardo, come è stato detto, fosse pronto a prelevare Badalamenti per portarlo in Italia. Anche perché quest'ultimo era stato interrogato negli Usa dai magistrati italiani e si era rifiutato di rispondere.

C'era poi un ostacolo quasi insormontabile, e che la leggenda del suo probabile pronto rientro nel nostro Paese pareva ignorare: la normativa relativa ai rapporti di cooperazione giudiziaria tra Italia e Stati Uniti. Ai tempi, circolò la voce che al maresciallo Lombardo fosse stata negata l'autorizzazione al viaggio. Non è inverosimile pensare che un detenuto negli Usa potesse essere semplicemente prelevato in carcere da un maresciallo dei Carabinieri e condotto in Italia?

All'esito di un incontro con i superiori, pare brusco e contestativo, nella caserma Bonsignore, il maresciallo si sarebbe suicidato.

La storia vuole che prima di suicidarsi abbia scritto una lettera.

Molto enigmatica, a dire il vero. C'era scritto: «Mi sono ucciso per non dare soddisfazione a chi di competenza di farmi ammazzare e farmi passare per venduto». Il possibile riferimento era ai suoi rapporti personali, risalenti al passato, con Badalamenti, o forse all'asserita consegna di copia del rapporto Ros su «Mafia-Appalti» ad Angelo Siino, mafioso, che successivamente scelse la strada della collaborazione e riferì questo fatto. La perizia grafica di parte concluse che la lettera non era stata scritta per intero dalla stessa mano e quella balistica affermò l'inconsistenza dell'ipotesi suicidaria, per l'innaturale impugnatura dell'arma e l'assenza di altre tracce nell'autovettura. Peraltro, ai figli non fu consentito di vedere il corpo del padre, se non una volta ricomposto nella bara. Non venne fatta l'autopsia, si disse, per rispetto della persona deceduta. In genere, nei casi di morte violenta, l'autopsia viene disposta. Nel caso di specie, nonostante la perizia di parte, nulla si fece. Altri misteri rimasti senza risposte.

È a questo punto che lei viene coinvolto.

Esatto. Pochi giorni dopo la morte del maresciallo Lombardo, mi telefonò il giornalista del Tg2 Ennio Remondino, che aveva intervistato il faccendiere italiano, anch'egli detenuto negli Usa, Francesco Pazienza. Questi aveva ricevuto la segnalazione da parte del codetenuto Badalamenti che il suo difensore, l'avvocato Larry Schoenbach, voleva incontrarmi a Roma, urgentemente, nella mia qualità di difensore di Buscetta.

Fui quindi contattato dal suddetto avvocato, che incontrai nel mio studio. Non sapendo esattamente chi fosse Schoenbach e cosa potesse volere da me, registrai l'intera conversazione e feci partecipare un'interprete.

Ma lei che c'entrava?

Ora viene il bello. Schoenbach esordì dicendo che c'erano state troppe morti, con esplicito riferimento al suicidio del maresciallo Lombardo. Voleva quindi incontrare Buscetta, per portargli i calorosi saluti di Badalamenti. Precisò che il suo cliente non avrebbe smentito Buscetta per le dichiarazioni fatte, anche in relazione all'omicidio Pecorelli.

Che cosa voleva in cambio?

Che Buscetta facesse delle dichiarazioni in relazione ai reati commessi da Badalamenti per i quali era stato condannato ed era detenuto negli Usa. Insomma, lo doveva scagionare, almeno in parte.

Risposi all'avvocato Schoenbach che il mio cliente non era un imputato nel processo Pecorelli, ma un testimone. L'imputato, con altri, era il suo cliente, sicché Buscetta non aveva bisogno di alcun aiuto. Furono ore di conversazione difficile, con un avvocato che diceva e non diceva. Nell'equivoca frase secondo cui Badalamenti avrebbe «confermato le cose dette da Buscetta», intuii fosse sottinteso il nome di Andreotti.

Come si concluse il siparietto?

Schoenbach, in serata, ebbe un colloquio con Buscetta negli uffici della Dia, essendo peraltro consentito, per la procedura americana, incontrare un teste d'accusa di un imputato o condannato. Anche quel dialogo fu integralmente registrato e io fui presente. La sintesi del lungo scambio è nella frase ultimativa di Buscetta: Badalamenti raccontasse la verità, mentre nulla lui aveva da aggiungere in relazione ai reati per i quali lo stesso era detenuto negli Usa.

Per parte mia, dissi a Schoenbach che Badalamenti avrebbe potuto chiedere di essere messo a confronto con Buscetta sulla base di quel pochissimo che il suo cliente aveva affermato negli interrogatori negli Stati Uniti. Lui rispose che ne avrebbe parlato con Badalamenti. Poco dopo fece sapere che il suo cliente aveva deciso di chiedere il confronto, ma non formalizzò mai la richiesta. Anche se, in una conversazione telefonica successiva, ribadì al pm di Perugia Fausto Cardella di voler chiedere il confronto, sicché sarebbe stato necessario attivare la procedura per la consegna all'Italia del condannato e detenuto. Si sarebbe quindi dovuto procedere con l'estradizione di Badalamenti, con impegno dell'Italia a fargli scontare in carcere la condanna ricevuta negli Stati Uniti. È quanto è stato fatto per Enrico «Chico» Forti, omicida negli Usa riconsegnato, il 18 maggio 2024, all'Italia, dove è stato accolto all'aeroporto militare di Pratica di Mare dalla presidente del Consiglio Meloni quasi fosse un eroe, per poi proseguire verso la cella riservatagli nel carcere italiano, nella quale tuttora sta espiando la sua pena. Ignoro se sia stato ulteriormente omaggiato in carcere.

Nel caso di Badalamenti, invece, non ci furono altri sviluppi. Esatto?

Nessuna richiesta formale pervenne dal suo avvocato. Invece, la Procura di New York mi comunicò che l'avvocato Schoenbach aveva chiesto la revisione del processo americano sulla base di un affidavit in cui affermava che Buscetta, nel corso del loro incontro in Italia, aveva dichiarato di poter scagionare Badalamenti.

In altre parole, l'avvocato americano mentì sul contenuto dei vostri colloqui.

L'istituto giuridico dell'affidavit è sconosciuto alla legislazione italiana. In quel caso, consisteva in una dichiarazione sottoscritta dall'avvocato in cui «testimoniava» che Buscetta gli aveva rivelato elementi tali da poter chiedere la revisione del processo per il suo cliente. L'affidavit era chiaramente una scorrettezza procedurale. Io, fortunatamente, avevo registrato tutto e fornii all'autorità americana le bobine, sicché la richiesta di revisione fu respinta.

Se lei non avesse registrato, sarebbe stata la sua parola contro quella di Schoenbach. È così?

Non c'è alcun dubbio che sarebbe potuta andare così. Una volta chiesi all'*attorney* Patrick J. Fitzgerald cosa succede qualora un avvocato faccia un affidavit ingannevole e se esistessero, negli Stati Uniti, provvedimenti da adottare in questi casi. Fitzgerald sorrise e rispose candidamente che nessun provvedimento era previsto, ma che, per la sua scorrettezza, Schoenbach non avrebbe più lavorato.

Io non so come si faccia a non far lavorare un avvocato, ma so che negli Usa il «principio di affidamento», cioè la fiducia nell'onestà del proprio legale, e il dovere di lealtà nel rapporto con l'autorità giudiziaria sono principi molto sentiti. Pertanto immagino che, nel momento in cui si viene a conoscenza di una scorrettezza, nessun cliente si voglia più mettere nelle mani di un avvocato gravemente compromesso e screditato nell'ambiente giudiziario. La menzogna non paga, perché marchia a vita. Basti pensare che il procedimento contro Bill Clinton non aveva a oggetto i suoi rapporti sessuali consumati nella Casa Bianca, ma il fatto di aver mentito sotto giuramento.

Al contrario, in Italia siamo abituati alla menzogna e non la riteniamo una grave colpa.

Ritorna il demone dell'indignazione.

Come sempre, quando si tratta di questioni di principio. La falsa testimonianza, ad esempio, è frequentissima nelle aule di giustizia italiane. Tuttavia, quando la percepiscono, il più delle volte i giudici licenziano il testimone bruscamente e la storia finisce lì.

Negli Stati Uniti anche l'imputato può essere testimone per sé stesso e, in tal caso, pur essendo imputato, deve giurare di dire la verità. Ciò è possibile proprio perché la parola pesa come una pietra, lo spergiuro è un reato gravissimo. Ora i tempi sono cambiati e l'avvento di Donald Trump ci ha abituati a un parossistico ricorso alle menzogne anche oltreoceano. Ciononostante, ritengo che gli Usa rappresentino tuttora un unicum. Penso all'immagine di Trump in aula da imputato, dopo i rilievi dattiloscopici, per ascoltare la lettura dei capi d'imputazione. Poco prima, sul suo social network Truth aveva frignato: «Wow, mi arrestano davvero».

Tornando a noi, nel 1998 Remondino si recò ancora nel carcere di Memphis e fece una lunga intervista a Badalamenti. Questi non smentì per nulla Buscetta e, alle domande di natura processuale, non rispose. Affermò che avrebbe voluto, ma che non poteva farlo perché il processo era in corso. Buscetta commentò che, nella logica mafiosa, quella risposta era un'ammissione di colpa.

C'è un fatto che indignò moltissimo Buscetta. Mi riferisco a quando il giornalista Paolo Liguori lo accusò di avere ucciso, in Brasile, due minorenni, a seguito di un festino a base di droghe. Per provare la sua accusa, Liguori convocò in tribunale, a Roma, anche due poliziotti brasiliani. Questi vennero. Confermarono di aver rinvenuto il corpo seppellito di una ragazza, ma affermarono che il fatto, per il quale erano stati arrestati i responsabili, non aveva nulla a che fare con Buscetta. Nel frattempo, Masino Buscetta morì, ma la famiglia volle proseguire la causa contro Liguori. Il quale, alla fine, risarcì il danno pagando alcune decine di milioni di lire e, tramite il suo avvocato, riconobbe di aver sbagliato, scusandosi.

Inoltre, Buscetta aveva un grandissimo cruccio. Cosa Nostra, per vendetta, aveva ucciso il marito della sorella, e lei lo riteneva indirettamente responsabile. Non volle più perdonarlo né parlargli. Questo è il Buscetta privato, meno conosciuto, approfondito, raccontato. E che lei, in quel periodo, incontrava quasi quotidianamente. Cosa ricorda?

Che poco prima di morire mi chiese di tentare un contatto con lei. Mi misi a sua disposizione, rendendomi conto che ci teneva molto. Trovai il contatto e, grazie a me, fu possibile uno scambio di lettere tra fratello e sorella. Ovviamente, non ne ho mai conosciuto il contenuto, ma certamente Buscetta ne fu in qualche modo sollevato.

Dopo la sua morte, ebbi alcuni contatti con la moglie Cristina, rimasta negli Stati Uniti, dove Buscetta e i familiari superstiti vivevano ormai da anni sotto protezione. Un giorno, mi chiese se potessi fare qualcosa per evitare che il figlio più giovane, Stefano, partisse per l'Iraq. Dopo tutte le tragedie, la madre tremava per la sorte del figlio se, malauguratamente, fosse dovuto andare in guerra. Stefano rientrava infatti nella fascia d'età soggetta a registrazione militare e, in teoria, mobilitabile. Purtroppo, se ciò fosse accaduto, non avrei potuto farci nulla. Era un ragazzo molto bravo, ottimo curriculum scolastico, intraprendente.

Una sera rientrava a casa, dopo aver lavorato come cameriere part-time in un ristorante per racimolare qualche dollaro, con la sua moto. Un automobilista ubriaco lo tamponò violentemente, uccidendolo. Stefano era un ragazzo a modo, conobbe anche i miei figli durante un periodo di permanenza in Italia. Era tifoso del Boca Juniors e della Juventus. L'unica sua immagine che ho conservato vivida nella mente è quella di lui che gioca alla PlayStation con mio figlio. Lo rividi in seguito in Florida, quando Buscetta era gravemente malato.

Lei gli fu accanto nelle settimane prima della sua morte.

Buscetta aveva combattuto contro una grave forma tumorale. Aveva fatto anche ricorso a una cura sperimentale che in Italia suscitò speranze e delusioni. Apparentemente ne ebbe beneficio e, addirittura, per un paio d'anni sparirono le tracce del male che lo aggrediva. Poi la situazione precipitò.

Lo andai a trovare in Florida e stetti con lui alcuni giorni. Parlammo molto e uscimmo, anche: una mattina, per andare a comprare i giornali italiani, e una sera, perché volle portarmi al ristorante. Trascorremmo diverse serate nella sua bella villetta, in giardino. Fece venire una delle sue figlie, anche lei vedova per vendetta di Cosa Nostra. Inevitabilmente, tornò a parlarmi dei figli uccisi. E infine dell'ultimo caduto, il giovane nipote, figlio del fratello Vincenzo, Domingo Buscetta, anch'egli ucciso da Cosa Nostra nel 1995, a Palermo.

Delitto, quest'ultimo, che all'epoca fece molto clamore.

Non dimentichiamo che a Buscetta, ma anche a Mannoia e Totuccio Contorno, i corleonesi di Totò Riina sterminarono il maggior numero di parenti possibile. Il pentito

Salvatore Barbagallo, che partecipò all'omicidio di Domingo, raccontò poi che Cosa Nostra non aveva mai revocato l'ordine di eliminare i pentiti e tutti i loro parenti fino alla settima generazione. Peraltro, l'omicidio di Domingo avvenne per puro caso. Entrato in un bar, il giovane aveva salutato. Un boss presente aveva chiesto chi fosse, scoprendo così che era nipote di Buscetta. Fu così che entrò nella lista nera. Questi erano i tempi, a Palermo.

Quando Masino morì, lo seppi dalla moglie Cristina a tumulazione avvenuta. Lo comunicai alle autorità.

Personaggi della caratura di Tommaso Buscetta, nella mafia, non ne esistono più.

E questo non perché Cosa Nostra sia scomparsa, come dicono certi cialtroni che discettano sull'argomento. Buscetta fu un fondamentale interprete dei fatti di Cosa Nostra e, per questo, fu interrogato spessissimo per capire cosa stesse davvero avvenendo. Lui forniva le sue interpretazioni, che non sono mai state smentite e si sono sempre dimostrate di grande aiuto per l'autorità giudiziaria. Era convinto che la fine della mafia non fosse vicina, ammesso che mai sarebbe arrivata. Vedeva nella politica, per lo meno in una parte di essa, un'alleata del malaffare. Per lui, vivevano in simbiosi. E lei, caro Lodato, sono certo ricorderà bene che fu proprio Buscetta a voler intitolare il vostro libro, un'intervista-testamento, in modo tale che al lettore non restassero dubbi: *La mafia ha vinto.*[1]

[1] S. Lodato, *La mafia ha vinto. Intervista con Tommaso Buscetta*, Mondadori, Milano 1999.

Dopo Buscetta, le toccò anche di difendere Giovanni Brusca. Espressione di un altro mondo mafioso, rispetto a quello di don Masino. Quando assunse la difesa di Brusca, quale fu la reazione delle procure?

Erano i primi giorni dell'agosto 1996. Mi trovavo in vacanza a Silandro, nel Sudtirolo. Soggiornavo in uno splendido albergo gestito dal mio amico Peter Borher. Gli ospiti erano tutti tedeschi, attratti dal circuito della nouvelle cuisine, di cui faceva parte l'Hotel Jahreszeiten.

Mi telefonarono dicendomi che Giovanni Brusca mi aveva nominato suo difensore e che era stato fissato un interrogatorio congiunto con le procure di Palermo, Firenze e Caltanissetta. Diciamo che cena e nouvelle cuisine mi andarono di traverso, lo stesso a mia moglie. Tornai subito a Roma e, a Rebibbia, partecipai al primo delle centinaia di interrogatori cui sarebbe stato sottoposto Brusca. Quando risalii a Silandro, venne a trovarmi il mio amico giornalista Peter Gomez. Cenammo, ma io non potei dirgli nulla.

Conosceva già Brusca?

Era un mafioso latitante. Addirittura mi doveva uccidere, per ordine di Riina, come mi disse quando divenni il suo difensore. Che domanda mi fa? Lo conoscevo attraverso le immagini televisive del suo arresto, nel maggio precedente. Mi era rimasto impresso l'ingresso del corteo delle macchine nella questura di Palermo, circondato da una folla di agenti e cittadini che festeggiavano la cattura.

Parlai con lui prima e dopo l'interrogatorio.

Come ruppe il ghiaccio con l'uomo che aveva fatto brillare l'esplosivo a Capaci per uccidere Giovanni Falcone?

La prima cosa che istintivamente gli chiesi fu cosa avesse ai polsi. La carne appariva profondamente scavata, sino all'osso. La ferita era chiusa, ma la cute ancora non si era rigenerata. Mi rispose che, quando era stato arrestato, gli erano state messe le manette e che, giunti in questura, non si erano più trovate le chiavi. Era stato necessario intervenire con la fiamma ossidrica. Il massimo che si era potuto fare era stato lenire il bruciore della carne con dei cubetti di ghiaccio, mentre la fiamma tagliava il metallo e consumava il tessuto cutaneo dei polsi. Un dettaglio non di poco conto.

Chissà se le chiavi si erano davvero perse o se fu fatto uno strappo alla regola del garantismo, avvocatizio e giornalistico, imperante in quegli anni...

Non so rispondere e non intendo avventurarmi in congetture. Mi disse solo che era rimasto molto colpito quando, ignorando la sorte del figlio e della compagna, aveva chiesto di poter vedere il bambino e gli era stato concesso.

Quello fu il suo primo contatto con uno Stato non vendicativo. Disse al dirigente di Polizia che gli aveva permesso di vedere il figlio, Luigi Savina, che se mai avesse deciso di collaborare l'avrebbe fatto con lui. E così avvenne.

La sua fu una delle collaborazioni più top secret della storia di Cosa Nostra.

Verissimo. Sino alla fine di luglio del 1996, Brusca diede il suo contributo ai processi senza che nessuno sapesse della sua collaborazione, in colloqui investigativi da lui stesso richiesti. Dal momento che suo padre Bernardo era in carcere, lui era di fatto il capo del mandamento di San Giuseppe Jato, confinante con quello di Corleone. Non posso ora addentrarmi nella sua storia e nei suoi racconti, ma posso citare il suo libro, Lodato, *Ho ucciso Giovanni Falcone*, frutto di lunghe interviste realizzate in carcere, concesse dalle autorità giudiziarie di tutt'Italia.

Visto che ha introdotto l'argomento, mi lasci solo dire che dovetti attendere quasi un anno e mezzo prima di ottenere tutte le autorizzazioni necessarie. Che provenivano effettivamente da ogni angolo d'Italia, dal momento che Brusca risultava imputato in decine di processi e per i reati più disparati. Quando sembrava che tutte le carte fossero a posto, mi accorsi che un solo procuratore non aveva dato il suo benestare: Giovanni Tinebra, di Caltanissetta. Partii da Palermo e andai a trovarlo. Non voleva saperne. Gli feci presente che tutti i suoi colleghi avevano dato il loro nulla osta. Qual era il motivo del suo rifiuto?

Dopo la sua morte, si è saputo che Tinebra era affiliato alla massoneria, la quale, insieme a una certa politica, aveva solo da temere dal pentimento del primo rappresentante del fronte dei corleonesi. Il nostro fu un incontro assai turbolento. Gli dissi apertamente che avrei pubblicato l'elenco di tutti i suoi colleghi che avevano dato risposta positiva e che avrei indicato il suo nome come quello dell'unico magistrato in Italia che si era opposto, forse perché aveva qualcosa da nascondere. A quel punto, molto obtorto collo, *come si dice, accettò. Mi scusi per la lunga divagazione a beneficio dei lettori.*

È proprio vero che, anche quando si sa tanto di un determinato argomento, non si sa mai tutto. Eppure, anche su Brusca, come su Buscetta, sono state scritte pagine e pagine. Qui mi limiterò a ricordare solo alcuni elementi essenziali.

Per anni si è attribuito a Giovanni Brusca, e si continua tuttora a farlo, un «complotto» contro il magistrato e parlamentare Luciano Violante. Ma la verità è un'altra. Accadde, invero, che nell'agosto 1996 il suo ex avvocato, Vito Ganci, rilasciò un'intervista al «Messaggero» riferendo che Brusca avrebbe messo in atto il suddetto complotto. Fu, a mio parere, un tentativo di bruciare l'importantissima collaborazione di Brusca con la giustizia. E qui torno alla sua corretta osservazione secondo cui l'eventualità di tale collaborazione terrorizzava tantissimi ambienti che ne sarebbero risultati coinvolti. Comunque, la magistratura interrogò immediatamente Brusca al riguardo, ed egli riferì che, nel periodo in cui era ancora in libertà, prima del maxiprocesso di Palermo conclusosi in Cassazione il 30 gennaio 1992, si era recato a Roma per parlare con un avvocato cassazionista. La ragione di quel viaggio era seria. Salvatore Riina aveva comunicato agli affiliati di Cosa Nostra di non poter fare più nulla per risolvere le loro situazioni processuali, e aveva quindi sollecitato tutti a cercarsi una propria strada.

Violante come finisce dentro questa vicenda?

Al momento del rientro a Palermo di Brusca. Quando riprese l'aereo, si accorse che a bordo c'era anche Violante. La storia finì lì.

Ma ebbe sviluppi molto tempo dopo.

A distanza di anni. Quando ormai Brusca era latitante e Baldassare Di Maggio, suo stretto collaboratore e, per un periodo, egli stesso reggente del mandamento di San Giuseppe Jato, aveva iniziato a collaborare con lo Stato italiano. Fu Di Maggio a riferire l'episodio del bacio Andreotti-Riina, e a Brusca premeva screditarlo. Pensò dunque, attraverso un tortuoso percorso mentale, che avrebbe potuto farlo indirettamente, inviando un memoriale alla Corte d'assise in cui raccontava un'altra storia.

Quale? Aveva a che vedere con il volo di anni prima?

Proprio così. Avrebbe voluto scrivere che l'incontro con Violante non era stato fugace e inaspettato, bensì programmato, e che l'onorevole si sarebbe seduto al suo fianco in aereo, sollecitandolo ad accusare Andreotti. Brusca riteneva che la sua storia sarebbe stata molto più credibile, perché gli accertamenti sulle liste di imbarco dei passeggeri avrebbero comprovato documentalmente che entrambi avevano viaggiato sullo stesso aereo. Brusca, essendo all'epoca incensurato, viaggiava con i propri documenti.

Ne parlò con l'avvocato Ganci, che apprezzò l'idea. Alla fine, però, Brusca stesso si convinse della fragilità del suo piano, sicché disse al suo avvocato di non procedere. Questi sono i fatti.

Dei quali l'avvocato Ganci dovette prendere atto.

Al momento fu così, e Brusca non scrisse nessun memoriale. Senonché Ganci, dopo che il suo ex cliente si fu pentito, rivelò nell'intervista sopracitata del progetto di Brusca, come se si fosse avverato.

Brusca e Ganci furono messi a confronto e la verità emerse in tutta evidenza. Ciononostante, a diverse persone faceva comodo cucire su Brusca l'abito dell'inaffidabile e del complottista per minarne la credibilità.

Che valutazione finale possiamo dare della collaborazione resa alla giustizia da Giovanni Brusca?

Ha reso centinaia di dichiarazioni, ha raccontato, si è accusato e ha accusato. Entrava in conflitto con la magistratura ogniqualvolta i suoi racconti non si incasellavano nelle «verità» già ricostruite. Teneva sempre il punto e, alla fine, ciò che raccontava era accertato ogni volta come vero.

Faccia qualche esempio.

Quando Cosa Nostra decise di uccidere il boss di Riesi Giuseppe Di Cristina, Brusca partecipò all'agguato. Il piano prevedeva di bloccare l'autovettura lungo una strada di Riesi in un tratto con lavori in corso; quindi, saltare giù dalla macchina e fare fuoco. Erano previste anche le macchine di appoggio.

Il racconto di Brusca fu molto preciso. Nell'agguato non fu ucciso Di Cristina, che non era nell'autovettura, bensì due suoi uomini. All'esito del processo, celebrato a Caltanissetta, furono condannati i complici, ma non Brusca. La Corte ritenne, infatti, che egli avesse raccontato la vicenda senza però avervi preso parte in prima persona. Brusca fu dunque iscritto con l'accusa di autocalunnia.

Intendo aprire una parentesi sulla vicenda di Di Cristina, che considero di grande interesse e annovero tra i misteri irrisolti. Peraltro, ne ha parlato in questi termini anche il pm Luca Tescaroli, attuale procuratore della Repubblica di Prato, in un articolo sul «Fatto Quotidiano».[2]

> Il 21 novembre 1977, intorno alle 7.45, una Fiat 127, mentre transitava nel tratto di strada Riesi-Sommatino, simulò un incidente, speronando frontalmente una Bmw su cui viaggiavano Giuseppe Di Fede e Carlo Napolitano, costringendoli a fermarsi. Subito dopo l'urto violento, scendevano dalla 127 Antonino Marchese e Leoluca Bagarella, che esplosero numerosi colpi di fucile da caccia e di rivoltella calibro 38 contro i malcapitati Di Fede e Napolitano. L'obiettivo reale era il boss di Riesi, Giuseppe Di Cristina.
> Quel mattino però, dopo essere salito sulla Bmw, Di Cristina era sceso per trattenersi nella propria abitazione [...]. Egli sfuggì all'agguato – voluto da Riina e Brusca, d'intesa con Ferro, Di Caro e Provenzano, all'insaputa del vertice di Cosa Nostra – ma capì di essere un uomo morto [...]. Come ha ricordato l'allora capitano dei Carabinieri Alfio Pettinato, egli iniziò a fornire al brigadiere Pietro De Salvo una serie di confidenze di straordinaria importanza, dirette a svelare responsabilità e basi di appoggio del gruppo dei corleonesi o, comunque, a fornire indicazioni utili per orientare

[2] https://www.ilfattoquotidiano.it/in-edicola/articoli/2022/11/18/45-anni-fa-lo-stato-inizio-a-cedere-ai-boss-mafiosi/6877314/.

le indagini e catturare latitanti di quel gruppo. Un gruppo riconducibile a Luciano Liggio, di cui facevano parte, fra gli altri, Riina, Provenzano, Brusca e Bagarella.
Di Cristina spiegò che era stato Liggio a uccidere il procuratore della Repubblica di Palermo Pietro Scaglione (5 maggio 1971) e si dilungò sui progetti futuri delle cosche, sottolineando, fra l'altro, che sarebbe stato ucciso Cesare Terranova, cosa che puntualmente si verificò (25 settembre 1979).
Il rapporto contenente le confidenze di Di Cristina venne depositato negli uffici giudiziari di Palermo il 25 agosto 1978. Le sue indicazioni furono sottovalutate dagli inquirenti, nonostante l'assassinio di Terranova e dello stesso Di Cristina, a Palermo, alla fermata di un autobus, in via Leonardo da Vinci. Un omicidio che appariva come il frutto di una vendetta e della necessità di eliminare un componente dell'associazione divenuto scomodo. L'avvio di un'articolata investigazione (e, ancor più, l'inizio di una sua formale collaborazione con la giustizia, ove si fosse concretizzata) avrebbe prodotto effetti dirompenti in seno a Cosa Nostra. Le sue indicazioni vennero poi, nel 1984, in larga parte convalidate, nei limiti delle loro conoscenze, da Tommaso Buscetta e Salvatore Contorno [...].
Se le sue indicazioni non fossero state accantonate e le piste indicate verificate, tutta la storia successiva sarebbe stata diversa e, forse, non avremmo assistito alle stragi degli anni Ottanta e Novanta a opera dei corleonesi, guidati da Riina.

Un altro mistero. Tornando a Giovanni Brusca, mi diceva di aver proposto appello contro l'assoluzione. Caso abbastanza insolito.

Preparai un dettagliato appello, in cui sostenni la colpevolezza del Brusca assolto. Certo, era strano, perché andavo a chiedere un giudizio di responsabilità del mio assistito. C'era una certa giurisprudenza che riteneva ammissibile l'appello dell'imputato assolto, qualora dalla sentenza potesse conseguire un pregiudizio, cioè un danno. E questo era un caso da manuale. Infatti, l'accusa di autocalunnia avrebbe inficiato il percorso collaborativo, con la revoca dei benefici penitenziari cui Brusca aspirava.

Una storia difensiva tortuosa che alla fine, però, ripagò Brusca.

Non c'è dubbio. La sua storia criminale era densissima, con tanti omicidi commessi o commissionati. La mia difesa consisteva nel contenere le numerosissime condanne al di sotto di ventiquattro anni, poiché, secondo gli artt. 73 e 78 del Codice penale, dieci o cento condanne inferiori a ventiquattro anni avrebbero determinato il cumulo giuridico di trenta. Se fossero intervenute anche solo due condanne superiori a ventiquattro anni, il cumulo giuridico sarebbe stato quello dell'ergastolo. Sicché, io dovevo difendere la credibilità del mio assistito per puntare a una pena complessiva di trent'anni per tutti i delitti commessi.

Dopo aver predisposto l'appello, estremamente critico nei confronti della Corte d'assise di Caltanissetta, per dimostrare la fallacia della ricostruzione operata in sentenza e la diversa ricostruzione, che vedeva Brusca presente e autore del duplice omicidio, furono svolte indagini relative all'inchiesta per autocalunnia. Brusca non rettificò di una virgola il suo racconto autoaccusatorio. Quando fu fissata la causa in appello, la Corte dichiarò preliminarmente inammissibile il mio atto, con la motivazione che, per comunicazione giunta proprio quella mattina, era stato archiviato il procedimento per autocalunnia, perché accertamenti sopravvenuti avevano dimostrato la verità del racconto di Brusca, sicché era venuto meno il pregiudizio che avrebbe ricevuto Brusca e quindi l'interesse a impugnare.

La nuova sentenza certificò punto per punto il racconto confessorio di Brusca ma, ovviamente, il mio assistito non fu condannato per quel duplice omicidio che gli veniva, a seguito delle nuove verifiche, attribuito.

È proprio vero che l'Italia è il Paese del diritto... Si può diventare colpevoli persino quando una corte ti definisce innocente.

Infatti, com'è noto, la *reformatio in peius* di una sentenza, cioè la possibilità di modificarla in senso peggiorativo per l'imputato (ad esempio trasformando un'assoluzione in condanna), è consentita solo se il pubblico ministero ha proposto l'appello. Nel caso di Brusca, la pubblica accusa non aveva impugnato l'assoluzione ottenuta in primo grado, quindi lui non poteva più essere condannato. Il braccio di ferro che, con la mia assistenza, Brusca sostenne con gli uffici delle procure durò quattro anni. Solo nel marzo 2000 si vide riconosciuto il ruolo di collaboratore e gli fu applicato il programma di protezione.

Non fu una battaglia facile, dovemmo confrontarci con tre procure: Palermo, Firenze e Caltanissetta. Le condanne, tuttavia, furono sempre inferiori a ventiquattro anni, sicché il cumulo giuridico è stato di trent'anni, come da mie intenzioni.

Non sono stato invece il difensore di Brusca nel processo per la trattativa Stato-mafia. I pubblici ministeri mi hanno inserito nella loro lista dei testimoni, il che ha reso impossibile il ruolo di difensore. All'ultimo nostro incontro in carcere prima del processo, Brusca era contrariato dal fatto che non potesse contare sulla mia assistenza e si interrogava sul motivo. Io stesso me lo sono chiesto, ma non sempre è possibile trovare risposta.

Sbaglio o c'erano anche magistrati che non vedevano di buon occhio il fatto che lei fosse difensore di Brusca?

Per ben due volte, un alto magistrato andò a parlare con Brusca, sollecitandolo a revocarmi la difesa. Ovviamente, Brusca non lo fece e mi riferì l'accaduto entrambe le volte.

Sarà dipeso, forse, dal fatto che non mi sono mai appiattito nelle difese e non ho mai fatto il cavalier servente di nessuno: ho sostenuto i miei assistiti anche contro qualche procuratore. Un grandissimo magistrato, il sostituto procuratore di Firenze Gabriele Chelazzi, molto scientifico nel suo lavoro, si ispirava per esempio a un principio secondo cui la fase delle indagini è caratterizzata dalla fantasia, mentre la fase processuale dalla geometria.

Che cosa intendeva dire?

Per «fantasia» intendeva la ricerca speculativa, anche sollecitatoria di ipotesi che non per forza potevano diventare prova certa durante i processi. Questa filosofia, per molti versi condivisibile, si scontra però con il fatto che tutti i verbali, a un certo momento, devono essere messi a disposizione delle parti, sicché diventano materia di confutazione o contestazione in aula. Per questo motivo, ai miei clienti ho sempre detto che l'interrogatorio è un terreno molto accidentato. Prima di poggiare il peso del corpo su una gamba, serve tastare bene il terreno e verificarne la tenuta. Vale a dire: mai avventurarsi in ipotesi del tutto sfornite di un supporto probatorio concreto, perché le parole, nei processi, sono sassi.

Spieghi meglio questo «trucco del mestiere».

È evidente che l'interrogato non deve portare le prove delle sue affermazioni, bensì deve offrirle all'inquirente, unico nelle condizioni di poterle accertare.

Questa mia impostazione difensiva poteva entrare in collisione con inquirenti troppo frettolosi e sommari, non sempre consapevoli della diversa condizione d'animo dell'interrogato che inizia a collaborare e dell'interrogante in cerca di indizi. È del tutto verosimile che alcuni fatti riferiti dal collaboratore non siano supportati da prove e che gli inquirenti non riescano a trovare riscontri. Ciò significa, tuttavia, che il racconto non riscontrato può trasformarsi in un boomerang, poiché uno spunto non verificato può facilmente trasformarsi in calunnia. Brusca ha seguito il mio consiglio. Insomma, ho tirato il freno a mano.

Come dicevo, nel delicato processo sulla trattativa Stato-mafia non feci l'avvocato, perché chiamato a testimoniare riguardo a un fatto che non sono riuscito a capire cosa c'entrasse con la trattativa. Avevo già affiancato tuttavia un collega, che non mi disse nulla, non avendo ancora esaminato la lista testi. Fu Giovanni Brusca a riferirmi che ero diventato un testimone. Ovviamente, non avendo lui accesso alla lista, doveva averlo saputo da Ingroia. Avrei dovuto chiedere spiegazioni a quest'ultimo, ma non lo feci. Avrebbe negato, e io avrei fatto la figura dell'ingenuo. Fu a quel punto che chiesi al collega di inviarmi la lista testi del pm: verificai così che ero inserito tra i 178 nomi e che non potevo più essere avvocato difensore. Eppure avrei avuto, da avvocato, solidi argomenti da sviscerare con domande agli imputati (come la vicenda delle conoscenze del ministro dell'Interno Mancino in ordine alla minaccia di altri attentati, di cui abbiamo già parlato in questa sede). Forse, non avremmo avuto la sentenza assolutoria della Cassazione.

Però quel processo l'ha seguito.

Con molta attenzione. Ancora adesso, non mi acquieto dinanzi alle menzogne e ai tanti misteri.

Ormai Giovanni Brusca è un uomo libero.

Eppure, a giugno di quest'anno ci sono state grandi polemiche sulla sua definitiva liberazione, anche se, in verità, la scarcerazione era avvenuta nel 2021.

Bisogna innanzitutto ricordare che molti altri condannati sono usciti dal carcere ben prima di Brusca, pur avendo commesso gli stessi atroci crimini. La legge sui collaboratori di giustizia prevede infatti che l'ergastolo sia sostituito con la condanna a trent'anni e che il diritto di richiedere la liberazione maturi dopo dieci anni di buona condotta.

Brusca ha esercitato tale diritto inutilmente, mentre hanno avuto esito positivo le richieste di altri collaboratori macchiatisi degli stessi crimini. E, negli anni, nessuno ha protestato.

Forse, visti i crimini commessi, se ne sarà fatto una ragione.

Lo avevo previsto. Gli dissi chiaramente che con lui la giustizia sarebbe stata dura, e che non sarebbe uscito dal carcere un solo giorno prima del massimo della pena inflittagli. Oltre all'enorme numero di omicidi e alle stragi, su Brusca pesava l'uccisione di Giuseppe Di Matteo, figlio dodicenne del collaboratore di giustizia Santino Di Matteo. Non esistono scusanti per quel terribile atto. Eppure, la sentenza accertò diversi fatti rilevanti, ai quali tuttavia, comprensibilmente, non fu data particolare importanza. Ad esempio, Brusca non volle sequestrare Giuseppe Di Matteo. Il sequestro fu compiuto dai fratelli Graviano, i quali affidarono a Brusca la temporanea custodia del prigioniero, essendo stato deciso che sarebbe stato ucciso. Quel sequestro disumano si protrasse per circa 750 giorni, perché, nonostante le pressioni dei Graviano, fino all'ultimo Brusca aveva sperato in una soluzione che consentisse la liberazione di Giuseppe. Alla fine, dovette cedere e diede l'ordine di ucciderlo. Esecuzione e modalità furono scelte degli autori materiali, poi divenuti collaboratori di giustizia e tornati liberi dopo pochi anni. Diversamente dagli altri, Brusca ha scontato il massimo della pena prevista.

Ora stanno uscendo dal carcere o ottenendo trasferimenti, con permessi premio (saliti dai sedici del 2022 agli oltre duecento del 2025, dati che la stessa Chiara Colosimo ha definito allarmanti), molti mafiosi irriducibili condannati all'ergastolo. Insomma, la lotta alle mafie procede come il gambero: indietro tutta.

Quanti mafiosi sono usciti di galera negli ultimi anni?

Troppi. Qualcuno ne chiede conto al governo? E qualcuno, nel governo, si preoccupa davvero di arginare questa falla? Forse il ministro Nordio è ancora troppo intento a studiare il mandato di cattura del criminale libico Almasri...

In compenso, il governo ha portato a conclusione il decreto sicurezza (legge n. 80 del 9 giugno 2025), che prevede addirittura, all'art. 31, la possibilità che i servizi segreti organizzino «associazioni con finalità di terrorismo o di eversione dell'ordine democratico» e compiano azioni terroristiche sotto copertura. Potrebbero ad esempio non impedire una strage per salire a più alti livelli di investigazione sui terroristi e collaborare in prima persona alla realizzazione della strage stessa, maneggiando esplosivi o mettendo a disposizione la loro esperienza nel confezionare e collocare un ordigno.

Con tutta la storia che abbiamo alle spalle, con le entità esterne alla mafia coinvolte nello stragismo e con i misteri irrisolti, questa è una norma pericolosissima. Addirittura potrebbe avere un effetto retroattivo, per escludere la responsabilità dei servizi in operazioni pregresse, come le stragi di Capaci, via D'Amelio e altre. Parliamo di una garanzia d'impunità permanente per gravissimi crimini.

Chi intende assicurarsi libertà d'azione, e per fare cosa? E se la magistratura volesse vederci chiaro e il governo opponesse il segreto di Stato? Le compromissioni potrebbero tranquillamente riguardare lo stragismo mafioso. Questo governo ha creato le condizioni giuridiche per mettere una pietra tombale sulla ricerca della verità. Nessuno aveva ancora osato tanto. Mi chiedo se non sia una norma fatta su misura.

Noi, cittadini sovrani, ci meritavamo questa norma? Cosa ha in mente l'estrema destra, già adusa nel tempo ad affiancare il terrorismo nero? Il pensiero mi corre un'altra volta ad Almirante, che riteneva positivi e replicabili i colpi di Stato in Cile e Grecia, e che la nostra presidente del Consiglio ha celebrato come «un grande politico che ha saputo trasmettere alle successive generazioni idee, valori, tradizioni e un infinito amore per la nostra Nazione».

Ti lascio, caro Lodato, ai tuoi e ai miei pensieri. Io so una cosa: non mi fido di tali persone. E spero che queste pagine saranno utili, tra le altre cose, a far capire alla presidente Giorgia Meloni la differenza fra un mafioso in servizio e un collaboratore di giustizia.

«Spero» per modo di dire, perché la coltre dell'ipocrisia è spessissima.

Riusciremo, con questo libro, a dare un contributo per diradare questa coltre che ci opprime? Io ne dubito. E lei, caro Li Gotti?

Le ho già detto che dalla rabbia il mio cuore è ustionato. Non rinuncio a cercare l'unguento e non mi ritengo un «malato immaginario».

Per quanto voi vi crediate assolti

Sarà banale dirlo, caro Li Gotti, ma durante la stesura di questo libro la realtà ha superato la fantasia. Non eravamo convinti di andare incontro a un finale facile, non ci eravamo illusi che avremmo individuato un semplice cuoco come l'unico artefice di un unico delitto, non avevamo la presunzione di spalancare con le nostre parole gli archivi italiani che più si arricchiscono di documenti inconsultabili e più la verità si allontana. A essere più esatti: le verità, al plurale, vista l'ampiezza degli argomenti con i quali abbiamo deciso di cimentarci.

Ma ci saremmo aspettati almeno, questo sì, segnali di un'inversione di rotta da parte della premier Giorgia Meloni e del suo governo.

La strage di Bologna, il caso Almasri: erano queste le due colonne d'Ercole imposte dall'attualità che il governo avrebbe dovuto oltrepassare se avesse voluto prendere il largo, lasciandosi definitivamente alle spalle polemiche e sospetti, tristi retaggi del passato e ombre, macchie e questioni ideologicamente irrisolte, entrando così definitivamente nella parte migliore della storia del nostro Paese. Purtroppo, ancora oggi non è questa l'aria che tira. Il governo prosegue, infatti, con dichiarazioni rilasciate allo scopo di tenersi tutte le porte aperte, mai con giudizi netti, animato dall'unica preoccupazione di non intraprendere, su questioni elettoralmente divisive, la strada del non ritorno.

«Continueremo a cercare la verità»: è stato questo il fuggevole commento di Giorgia Meloni nel giorno del quarantacinquesimo anniversario della strage della stazione di Bologna, che causò la morte di ottantacinque persone.

Frase fuggevole, dicevo; insipida, ora che la Cassazione ha definitivamente chiuso la partita confermando l'ergastolo anche a carico del neofascista Paolo Bellini. Ma anche velenosetta, quasi ad alludere a verità altre, ignorate dalla Cassazione. E, quel che è più grave, mentre Sergio Mattarella, il capo dello Stato, parlava apertamente di «spietata strage eversiva neofascista».

Che dire? Una gigantesca occasione di riscatto che si è dunque tradotta per la premier, non avendo neanche nominato la «matrice fascista», in un marchiano errore storico, politico e istituzionale.

Concorda?

Concordo e sottoscrivo. Che altro potrei fare? L'anniversario della strage di Bologna del 2 agosto 1980 è stato sfregiato dalla particolare asprezza della destra, chiaramente livorosa per la recente condanna all'ergastolo dell'estremista nero Paolo Bellini. Nella motivazione della sentenza sono evidenziati l'intreccio e il coinvolgimento dei servizi deviati, di Licio Gelli e del senatore dell'Msi-Dn Mario Tedeschi.

Addirittura, la ministra dell'Università e della Ricerca Anna Maria Bernini di Forza Italia, che ha rappresentato il governo, ha nervosamente e preventivamente dichiarato di non condividere nessuna delle parole che avrebbe pronunciato il presidente dell'Associazione tra i famigliari delle vittime, Paolo Bolognesi e, per sottolineare il suo dissenso, salita sul palco, si è emarginata in ultima fila.

La presidente del Consiglio Giorgia Meloni ha dichiarato che il governo avrebbe condiviso l'impegno per la ricerca della verità. Così implicitamente affermando che le sentenze definitive di condanna dei terroristi neri, ultimo dei quali Paolo Bellini, sarebbero da rinnegare per il loro falso contenuto. Insomma, un centinaio di magistrati (inquirenti e giudicanti delle indagini, di primo e secondo grado, di Cassazione), nonché decine e decine di uomini della Polizia giudiziaria, diverse decine di testimoni, avrebbero complottato in danno di servizi deviati, terroristi neri e piduisti. C'è da ritenere che la presidente Meloni pensi la medesima cosa per le stragi di piazza Fontana, Peteano, del Rapido 904, di Brescia, della Questura di Milano; per il «giovedì nero di Milano»; per le condanne di Pierluigi Concutelli, dei deputati Msi Massimo Abbatangelo e Guido Lo Porto, del segretario di sezione Msi Carlo Cicuttini, di Nico Azzi, Vittorio Loi, Maurizio Murelli, Vincenzo Vinciguerra; per il coinvolgimento del senatore Mario Tedeschi. Insomma, Giorgia Meloni non riesce a stare in silenzio, come converrebbe, ma ha voluto esprimere il suo odioso giudizio. Al suo fianco, il direttore editoriale del «Secolo d'Italia» Italo Bocchino, che ha titolato, a tutta pagina, *Giù le mani dal Msi* e, quindi, anche da quell'intreccio perverso con il terrorismo nero.

Due parole, caro Lodato, vorrei riservarle a Paolo Mieli che, nella trasmissione *In Onda* di La7, ha evidenziato come per la strage di Bologna vi sia l'aggettivazione fascista, mentre per la «strage» di via Fani, nella stele commemorativa, non vi sia l'aggettivazione comunista.

All'evidenza Paolo Mieli ha poca dimestichezza nel cogliere la differenza tra l'omicidio plurimo con obiettivo determinato e le stragi che hanno avuto come obiettivo l'indeterminatezza delle vittime, essendo offesa la pubblica incolumità e, quindi, la loro profonda valenza eversiva finalizzata a scuotere il sistema democratico per creare il terreno fertile al colpo di Stato, come lucidamente dichiarato dal terrorista nero Vincenzo Vinciguerra.

A questo proposito, ricordiamo che nell'Italia democristiana di quegli anni – chi ha la nostra età lo ricorda benissimo – la teoria degli «opposti estremisti» fu l'apriti sesamo propagandistico per giustificare il fiume di sangue che mise in ginocchio il Paese. Insomma: vecchio e usurato «ferro del mestiere».

Ma è rimasta in sospeso la seconda colonna d'Ercole alla quale facevamo riferimento all'inizio: il caso Almasri. Che proprio lei, avvocato Li Gotti, ha fatto diventare un «caso» con la sua denuncia, altrimenti la polvere sarebbe finita per sempre sotto il tappeto.

Mi permetta solo di dire che non riescono a venirne a capo, che prendono tempo, che moltiplicano le versioni sperando di salvarsi mentre la baracca fa acqua da tutte le parti. Uno stucchevole e snervante gioco di specchi dentro il quale si sono andati a intrappolare, non individuando più la via d'uscita. Con il risultato che più il tempo passa e più gli italiani restano al buio su quanto è davvero accaduto.

La vicenda Almasri è approdata alla Camera dei deputati, con le conclusioni del Tribunale dei ministri. Penso a quando i giuristi di centrodestra mi sbeffeggiavano per la mia denuncia. Ora sono furibondi, perché le indagini hanno scoperchiato le numerose falsità e le arrampicate sugli specchi, con i loro fondoschiena doloranti per le ripetute scivolate. Se il Parlamento li salverà, sarà una vergogna indelebile a livello internazionale. Altrettanto avverrà andando avanti la richiesta del procuratore generale della Corte penale internazionale di deferimento all'Onu, perché l'Italia ha troncato la tradizionale definizione d'essere la patria del diritto. Con la destra siamo diventati la patria dello storto e del procedere all'indietro come i gamberi, oltre che con lo zig-zag avvinazzato.

Fermiamoci qui, dovrebbe bastare.

Un errore per ogni domanda

Giunto a questo punto, il lettore, se non si sarà già annoiato di questo libro-intervista, o magari scandalizzato per i suoi insoliti contenuti così politicamente scorretti, avrà la curiosità di saperne ancora di più su un tema così vasto e del quale tanto poco si discute nel nostro Paese.

Quelle che seguono sono le pagine scritte dal senatore del Movimento 5 stelle Roberto Scarpinato, che per decenni è stato fra i magistrati antimafia d'eccellenza che hanno lavorato in Sicilia.

Scarpinato è un magistrato che non necessita di presentazioni. Ed era convinto, arrivando da senatore alla Commissione parlamentare d'inchiesta sul fenomeno mafioso, che quella sarebbe stata la sede ideale per affrontare i nodi più complessi dello stragismo italiano in spirito bipartisan, come si converrebbe a una commissione d'inchiesta che si rispetti. Aveva fatto male i suoi conti.

La sua memoria non è stata ritenuta degna di risposte, trattata con evidente fastidio dall'ufficio di Presidenza, in poche parole archiviata di sana pianta. Non solo.

Sarà per questo che adesso rischia l'estromissione dalla Commissione parlamentare a seguito della proposta di un disegno di legge, presentato dalla presidente della Commissione stessa, la quale in tutte quelle domande è convinta si annidi un «conflitto di interessi» che deve essere sanato proprio con l'allontanamento di Scarpinato. Vedremo come andrà a finire.

Un vecchio adagio dice: chi domanda non fa errori. E Scarpinato, nella memoria che segue, di domande sullo stragismo nero ne ha poste davvero tante, forse troppe. Verrebbe da dire: un errore per ogni domanda. Di conseguenza, troppi errori.

Il lettore ora legga la relazione, legga le domande, si faccia un'idea sua. Gli argomenti trattati sono molto interessanti.

S.L.

Appendice 1

Le ferite ancora aperte

La memoria del senatore ed ex magistrato Roberto Scarpinato*

* Nelle pagine seguenti è riprodotta un'ampia sintesi del testo presentato nel settembre 2023. L'editore ringrazia il senatore Roberto Scarpinato per la disponibilità alla pubblicazione.

I nodi ancora irrisolti sulle stragi del 1992-93

Al Signor Presidente della Commissione parlamentare sul fenomeno delle mafie e sulle altre associazioni criminali, anche straniere. Con riferimento alla comunicazione della S.V. di volere circoscrivere i lavori della Commissione in ordine alle stragi del 1992 e del 1993 alla sola «*ricostruzione storica*» della strage di via D'Amelio, si rappresenta che tale scelta appare incomprensibile e ingiustificata, sia nel merito che nel metodo.

PARTE PRIMA

Quanto al merito, tale scelta implica l'inammissibile disimpegno della presidenza della Commissione a fare luce su tutte le «*ferite ancora aperte*» e i nodi ancora irrisolti della strage di Capaci del 23 maggio 1992, della strage di via dei Georgofili a Firenze del 27 maggio 1993, della strage di via Palestro a Milano del 27 luglio 1993, dell'autobomba in via dei Sabini a Roma del 2 giugno 1993, delle autobombe a San Giovanni in Laterano e a San Giorgio al Velabro a Roma del 28 luglio 1993, del fallito attentato allo Stadio olimpico a Roma del 23 gennaio 1994.

Le domande ancora aperte

Chi erano i soggetti esterni di sesso femminile che – come emerge dalle più recenti indagini della magistratura – parteciparono alle stragi di Firenze e di Milano?

Tenuto conto che tali soggetti non potevano appartenere alle organizzazioni mafiose, di quali entità criminali esterne facevano parte?

Quali erano gli interessi di cui tali entità erano portatrici?

Chi aggiunse una dose supplementare di esplosivo nel furgone Fiorino collocato in via dei Georgofili per aumentarne la portata deflagrante dopo che il commando mafioso aveva ultimato il suo compito? [...]

Chi collocò un'autobomba in via dei Sabini, il 2 giugno 1993, in prossimità del luogo in cui quel giorno doveva transitare il presidente del Consiglio Carlo Azeglio Ciampi, tenuto conto che nessun collaboratore di giustizia ha mai saputo nulla di tale attentato? Le forze di Polizia refertarono che la miscela di esplosivo utilizzata era diversa da quella impiegata nelle altre stragi del 1992 e del 1993 e analoga a quella utilizzata in passato in attentati della destra eversiva.

Chi erano i personaggi importanti che – come hanno riferito in pubblici dibattimenti i collaboratori di giustizia Salvatore Cancemi e Francesco Onorato – indussero Salvatore Riina a revocare l'ordine di uccidere Giovanni Falcone a Roma con modalità tradizionali disponendo, il 5 marzo 1992, il rientro dalla capitale del commando capitanato da Matteo Messina Denaro, per dare corso a un attentato con modalità esplosive eclatanti, che richiedevano un livello elevatissimo di competenze tecniche?

Chi erano gli ignoti che, subito dopo la strage di Capaci, si introdussero nella stanza del dottor Falcone al ministero della Giustizia, violando i sigilli apposti dalla Procura della Repubblica di Caltanissetta, per esaminare i file del suo computer concernenti Gladio e i delitti politici, come risulta dalla consulenza tecnica esperita dalla magistratura?

Come fu possibile tale ingresso abusivo in una stanza posta sotto sequestro, con quali complicità?

Perché gli ignoti erano interessati a conoscere quali informazioni il dottor Falcone aveva acquisito su tali temi mentre, con elevata probabilità, si apprestava a ricoprire l'incarico di procuratore nazionale antimafia?

Chi soppresse alcuni file delle sue agende elettroniche? [...]

Risponde al vero che il dottor Falcone aveva programmato – come aveva confidato ad alcune persone di sua fiducia – che, qualora fosse stato nominato procuratore nazionale antimafia, avrebbe subito riattivato le indagini sul coinvolgimento di elementi deviati della struttura Gladio e di esponenti della destra eversiva nei delitti politici, in particolare nel delitto di Piersanti Mattarella, presidente della Regione siciliana?

Che valenza occorre attribuire all'interesse manifestato per tali temi di indagine dagli ignoti che si introdussero nella stanza di Falcone al ministero della Giustizia alla luce delle dichiarazioni rese l'11 settembre 2009 alla Procura della Repubblica di Caltanissetta dal professor Pino Arlacchi in ordine alle confidenze ricevute da Falcone, poco prima di essere ucciso, sulle deviazioni che aveva accertato negli ambienti istituzionali e, in particolare, nel Sisde? [...]

Chi era la fonte degli ambienti di destra di Falcone sul delitto Mattarella?

Falcone aveva fatto le stesse confidenze a Paolo Borsellino e questi le aveva annotate nell'agenda rossa?

È urgente, tenuto conto dell'età avanzata, che la Commissione proceda alla immediata audizione del professor Arlacchi su quanto sopra specificato. Si tratta di quesiti, a oggi insoluti, di assoluto rilievo avuto riguardo anche a quanto segue.

Nell'ambito dell'istruttoria dibattimentale del processo per l'omicidio del giornalista Mauro Rostagno, è stato acquisito dalla Corte d'assise di Trapani un dispaccio segreto del 19 giugno 1989 attestante che l'articolazione di Gladio a Trapani fu incaricata di eseguire, nei giorni seguenti, un'operazione – denominata in codice *Domus aurea* – coperta dalla massima segretezza in ambito Nato nei pressi di un villino all'Addaura. Il dispaccio conteneva l'ordine – per fortuna non eseguito dal destinatario – di distruggere immediatamente il documento dopo la lettura. Le coordinate del dispaccio consentono di identificare il villino in quello occupato dal dottor Falcone, dove, il 21 giugno, fu eseguito un attentato nei suoi confronti mediante esplosivo.

Chi e per quali motivi ordinò quell'operazione?

Perché i dirigenti nazionali di Gladio e quelli dell'articolazione di Trapani mentirono ai magistrati che condussero indagini sulle attività di Gladio in Sicilia, affermando che la struttura di Trapani non aveva eseguito mai alcuna operazione e si era limitata solo ad assumere informazioni sul territorio concernenti il traffico di stupefacenti?

Che significato attribuire a tali false dichiarazioni alla luce della declassificazione degli archivi di Gladio (circa 190.000 pagine) disposta con direttiva del presidente del Consiglio Mario Draghi del 2 agosto 2021, a seguito della quale è emerso che in Sicilia furono eseguite numerose operazioni ed esercitazioni analoghe all'operazione *Domus aurea*?

È pertanto indispensabile:

che questa Commissione acquisisca copia della documentazione Gladio concernente la Sicilia, declassificata e attualmente disponibile all'Archivio di Stato, operando una comparazione tra tale documentazione e il dispaccio sulla operazione *Domus aurea*;

che proceda alla urgente audizione dei vertici dei servizi di sicurezza attuali e di quelli operanti nel 1989 per acquisire informazioni sulle operazioni di Gladio in Sicilia e sull'operazione *Domus aurea*.

Quali erano i rapporti tra Cosa Nostra e Gladio, o con le articolazioni deviate di tale struttura, avuto anche riguardo alle rivelazioni del collaboratore di giustizia Francesco Di Carlo – boss di Altofonte, ritenuto altamente attendibile in vari processi –, che ha dichiarato di avere personalmente effettuato per conto dei servizi il trasporto di una grande quantità di armi e di esplosivo, occultati sotto un carico di mangime, da San Vito al Tagliamento (Pordenone) sino a Trapani?

In data 1° ottobre 1993, la Squadra mobile di Trapani, a seguito di una informazione proveniente da una fonte dei servizi segreti, effettuò una perquisizione in una villa nella disponibilità dei carabinieri Vincenzo La Colla e Fabio Bertotto scoprendo un ingente deposito clandestino di armi e di esplosivo. Su indicazione della medesima fonte, fu rinvenuta all'interno della villa la foto di una donna indicata come coinvolta nelle stragi del 1992 e del 1993. La donna ritratta nella foto è stata identificata dalla Procura della Repubblica di Firenze nell'ambito delle indagini concernenti la presenza di un soggetto di sesso femminile nel commando che eseguì la strage di via Palestro a Milano il 27 luglio 1993. [...]

Per quale motivo Giovanni Falcone – dopo l'omicidio dell'agente della Polizia di Stato Antonino Agostino, suo confidente e collaboratore dei servizi, che si recava spesso a Trapani per missioni segrete, assassinato a Villagrazia di Carini (Palermo) il 5 agosto 1989 – dichiarò al commissario Saverio Montalbano – dirigente del commissariato San Lorenzo, dove l'agente Agostino prestava servizio – che quell'omicidio era un segnale diretto contro di lui, che stava in quel periodo compiendo indagini su Valerio

Fioravanti e su Gilberto Cavallini quali esecutori dell'omicidio di Piersanti Mattarella, e contro lo stesso Montalbano, che aveva condotto indagini su Pierluigi Concutelli e su Francesco Mangiameli, leader della formazione di estrema destra Terza Posizione?

Per quale motivo Francesco Onorato fu incaricato da Salvatore Biondino, braccio destro di Salvatore Riina, di uccidere Alberto Volo, esponente della destra eversiva, dopo che questi aveva reso dichiarazioni a Giovanni Falcone sull'omicidio Mattarella e su quello di Francesco Mangiameli e dopo che era entrato in contatto con l'agente Antonino Agostino, e ciò su richiesta pervenuta all'organizzazione mafiosa da Pierluigi Concutelli, capo militare di Ordine Nuovo?

In tale contesto, appare rilevante che Salvatore Riina conoscesse bene i trascorsi di Pierluigi Concutelli, tanto da annoverarlo come uomo che era stato vicino al capomafia massone Stefano Bontate, ed egli stesso massone, come risulta dal colloquio intercettato in carcere a Opera il 18 agosto 2013. [...]

Sempre sul tema dei rapporti tra servizi segreti e Cosa Nostra in ordine alle stragi del 1992 e del 1993, restano tutt'oggi aperti e privi di soluzione altri importantissimi capitoli, ad alcuni dei quali si accenna qui di seguito.

La Falange Armata

Vari collaboratori di giustizia hanno dichiarato che Salvatore Riina, nel corso di alcune riunioni segrete svoltesi nella provincia di Enna nella seconda metà del 1991 e riservate a una ristretta élite di capi regionali di Cosa Nostra, aveva comunicato che tutte le azioni omicidiarie e stragiste dovevano essere rivendicate con la sigla Falange Armata. Il collaboratore Tullio Cannella ha dichiarato di avere appreso tale circostanza direttamente da Leoluca Bagarella.

In effetti è stato accertato che tutte le stragi sono state rivendicate con tale sigla.

Dalle indagini svolte sui contenuti dei comunicati della Falange Armata, risulta che i suoi componenti erano a conoscenza di fatti segretissimi concernenti l'attività istituzionale all'estero e la vita privata del presidente della Repubblica Oscar Luigi Scalfaro, circostanza questa che conferma la loro appartenenza a circuiti istituzionali interni agli apparati statali.

L'ambasciatore italiano all'Onu Francesco Paolo Fulci, segretario del Cesis (Comitato esecutivo per i servizi di informazione e sicurezza) tra il 1991 e il 1993, ritenne di individuare i componenti della Falange Armata in alcuni soggetti nominativamente indicati, appartenenti alla struttura Gladio.

Chi erano dunque i componenti della Falange Armata?

Da ultimo, la Procura della Repubblica di Reggio Calabria, nell'ambito del processo 'Ndrangheta stragista, ha svolto accurate indagini sulla riconducibilità di tale sigla a soggetti dei servizi segreti. [...] Si chiede l'acquisizione presso la Procura della Repubblica di Reggio Calabria di tutta la documentazione concernente le indagini sulla Falange Armata.

Le dichiarazioni del collaboratore di giustizia Armando Palmeri sui rapporti tra i servizi segreti e Cosa Nostra.

Sia la sentenza citata, emessa nel processo 'Ndrangheta stragista, sia la sentenza di condanna all'ergastolo di Matteo Messina Denaro per le stragi del 1992 e del 1993, emessa dalla Corte d'assise di Caltanissetta il 20 ottobre 2020 con deposito della motivazione in data 29 luglio 2021, hanno attribuito grande rilievo alle dichiarazioni del collaboratore di giustizia Armando Palmeri, che qui si riportano nella sintesi della prima delle due sentenze citate.

Significative, sempre in ordine ai contatti di esponenti dei servizi segreti con altri di Cosa Nostra, risultano le dichiarazioni di Armando Palmeri, il quale ha affermato che nel primo semestre del 1992 Vincenzo Milazzo, capo mandamento di Alcamo prima di Giuseppe Ferro, aveva avuto tre incontri con uomini appartenenti ai servizi segreti, che gli avevano proposto di prodigarsi per compiere degli attentati in Sicilia e fuori dall'isola.

Palmeri ha riferito che Milazzo gli aveva confidato che alcuni soggetti dei servizi segreti volevano parlare con lui e che gli aveva chiesto di presenziare a tale incontro ma egli si era rifiutato.

Il primo degli incontri era avvenuto all'inizio del 1992 presso la villa di proprietà dell'imprenditore De Simone in contrada Conza, a Castellammare del Golfo, e in tale occasione egli aveva mantenuto un ruolo defilato, «*in modo da poter controllare la situazione da distanza*». Aveva quindi avuto la possibilità di vedere due soggetti, che non conosceva, appartenenti ai servizi segreti, accompagnati dal primario di chirurgia del nosocomio di Alcamo, tale Baldassarre Lauria, che erano arrivati sul posto a bordo di due diverse autovetture. Ha affermato di avere conosciuto il dottor Lauria da piccolo in quanto il proprio padre con il predetto frequentava un circolo culturale. Il Milazzo, all'arrivo dei predetti, si trovava già all'interno della villa di cui aveva le chiavi, mentre egli era appostato nei dintorni con un binocolo. L'incontro era durato circa un'ora-un'ora e mezza e, una volta concluso, egli si era recato a prendere il Milazzo e lo aveva riaccompagnato a Gibellina, dove abitava. Sulla via del ritorno, il Milazzo gli aveva raccontato il contenuto dell'incontro facendogli intendere chiaramente che dissentiva da quanto gli era stato proposto [...], in quanto i soggetti con cui si era incontrato avevano l'obiettivo di commettere delle stragi.

A seguito di contestazione da parte del pm, Palmeri ha confermato che il Lauria avrebbe affermato che sarebbe stato più facile avvelenare l'acquedotto e che forse aveva fatto riferimento a quello di Firenze. Il Milazzo era rimasto «contrariato» da tale proposta, ma sostanzialmente aveva capito che non si sarebbe potuto tirare indietro perché sarebbe stato molto pericoloso. [...]

Il collaboratore ha riferito che Vincenzo Milazzo, al termine del primo incontro, aveva definito i due soggetti «*pazzi scatenati*», ma nello stesso tempo ne era affascinato, e gli aveva detto: «*Questa è la vera mafia, questa è la vera mafia*», anche se si sentiva «*impotente*» rispetto a tali soggetti e temeva che, se avesse rifiutato, gli avrebbero fatto la cosiddetta «*tragedia*», in quanto altri avrebbero aderito a tale strategia. Il Milazzo aveva detto che avrebbe dovuto riflettere sulla proposta, forse perché doveva consultarsi con qualcuno.

Fra il primo e il secondo incontro, il Milazzo aveva incontrato, presso un casolare sito nella provincia di Gibellina, Gioacchino Calabrò, al quale aveva detto di riferire a Giuseppe Ferro di mettersi a disposizione con quei parenti «di lassù», e successivamente egli aveva compreso che si trattava dell'attentato ai Georgofili, a Firenze, in quanto il Ferro aveva dei parenti che abitavano nei dintorni di Firenze. Il Milazzo, pertanto, non condivideva tale strategia, ma non poteva rifiutarsi [...]. La guerra allo Stato doveva essere consumata attraverso bombe, attentati terroristici, guerre batteriologiche, e doveva portare alla «destabilizzazione dello Stato», per come riferitogli dal Milazzo. In una occasione, il Milazzo gli aveva riferito che tali soggetti conoscevano anche lui, e ciò probabilmente in quanto egli era stato detenuto presso la casa di reclusione di Spoleto, aveva goduto del massimo rispetto di tutti i detenuti, era stato amico e sostenuto anche dai terroristi di destra e aveva avuto anche una «diatriba» con Leoluca Bagarella riuscendo ad avere la meglio.

Il secondo incontro era avvenuto a distanza di un paio di mesi ma prima della strage di Capaci, sempre in contrada Conza, a Castellammare del Golfo, in una villa di proprietà di un costruttore palermitano, tale Manlio Vesco, e anche in questo caso il Milazzo aveva la disponibilità delle chiavi dell'abitazione. Il costruttore Vesco era morto suicida a distanza di qualche anno dagli incontri, in strane circostanze, in quanto si era fermato in autostrada, e dopo avere ripercorso a ritroso a piedi un tratto lungo diversi chilometri, si era buttato giù dal viadotto.

Con il Milazzo si erano recati sul posto mezz'ora-un'ora prima che arrivassero gli altri soggetti. Palmeri si era trattenuto fuori dall'abitazione e aveva notato sempre i due soggetti che arrivavano, preceduti dalla Volvo del dottor Lauria. Una volta concluso l'incontro, egli, di sua iniziativa, li aveva seguiti di nascosto fino a Palermo ed era riuscito ad annotare il numero di targa per cercare di capire chi fossero. Su richiesta del Milazzo, Palmeri aveva portato il numero di targa a tale Sebastiano Di Benedetto, macellaio di Castellammare del Golfo, vicino a Giuseppe Ferro, affinché risalisse al proprietario del veicolo. Dopo qualche giorno, il Milazzo aveva saputo che la macchina era intestata a una società di autonoleggio dell'aeroporto di Punta Raisi. Tuttavia, era emerso che in quei giorni l'autovettura non era stata noleggiata, non vi era infatti alcuna annotazione al riguardo. Il pedinamento era durato circa mezz'ora e, una volta rientrato, Palmeri aveva riferito tutto al Milazzo, il quale era «incavolato». Egli aveva quindi riaccompagnato il Milazzo a casa. Nel corso del tragitto, quest'ultimo aveva ribadito le sue perplessità riguardo alla strategia propostagli [...], mantenendo le sue riserve. Il Milazzo cercava di defilarsi. Tale suo atteggiamento era stato interpretato come un rifiuto.

Palmeri ha precisato che l'incontro al quale il Milazzo aveva partecipato, in cui avevano presenziato Leoluca Bagarella e altri esponenti di Cosa Nostra, era avvenuto in inverno, probabilmente tra il primo e il secondo incontro con i soggetti appartenenti ai servizi segreti.

Infine, il terzo incontro era avvenuto poco prima della morte del Milazzo, tra la strage di Capaci e quella di via D'Amelio, e si era svolto in una villa alle pendici del monte Bonifato, che sovrasta Alcamo, casa di proprietà del senatore Ludovico Corrao. Quest'ultimo era molto famoso nella zona, in quanto aveva contribuito alla ricostruzione di Gibellina ed era morto in circostanze «alquanto discutibili», ucciso «dal servetto cingalese», a distanza di diversi anni da tale incontro.

Il Milazzo, nell'apprendere la notizia della strage di Capaci, era rimasto attonito [...]. In quel momento aveva compreso che era stata avviata la strategia stragista [...].

Palmeri ha precisato che, nel corso del terzo incontro, aveva avuto modo di vedere diverse macchine all'interno della villa; aveva accompagnato il Milazzo ed era andato via. Il Milazzo in tale circostanza non aveva la disponibilità delle chiavi, ma gli era stata aperta la porta dai soggetti che si trovavano già all'interno. All'imbrunire, Palmeri era tornato a prenderlo e aveva notato la presenza di diverse macchine fuori dalla villa. Il Milazzo, sulla via del ritorno, aveva fatto gli stessi discorsi, facendo intendere di avere mantenuto il medesimo atteggiamento, ma egli aveva intuito che tale atteggiamento avrebbe provocato a breve la loro fine [...].

Palmeri ha chiarito che i soggetti appartenenti ai servizi segreti «deviati» notati nel corso dei due primi incontri erano sempre gli stessi e che in occasione del terzo incontro non aveva avuto modo di vederli mentre scendevano dalla macchina.

Il Palmeri, con riferimento ad Antonino Gioè, ha affermato di essere a conoscenza del fatto che il predetto era morto suicida nel carcere di Rebibbia ma ha escluso che il predetto potesse avere deciso di prendere la decisione di togliersi la vita [...].

A tal proposito, merita di essere richiamato il contenuto della conversazione intercettata nel carcere di Ascoli Piceno in data 24 giugno 2016, nel corso della quale il Graviano, parlando del pentimento di Santino Di Matteo, lo attribuisce al fatto che il predetto temeva di fare la stessa fine del Gioè, per mano dei servizi segreti.

Va inoltre sottolineata l'anomala circostanza che lega Gioè a Domenico Papalia. Nella lettera scritta prima di suicidarsi, il primo affermava che quando aveva detto di avere appreso in carcere dal Papalia stesso che era lui l'autore dell'omicidio per cui era stato condannato, aveva affermato cosa non vera al solo scopo di accreditarsi come personaggio a conoscenza di varie circostanze.

Conclusivamente può quindi affermarsi che l'esistenza di rapporti tra esponenti di vertice delle organizzazioni criminali sia calabresi che siciliane e i servizi segreti si evince dalle dichiarazioni di numerosi collaboratori di giustizia, alcuni dei quali hanno affermato che si trattava di contatti assai risalenti nel tempo, da cui erano derivati ad alcuni esponenti di vertice di famiglie di 'ndrangheta indubbi benefici.

Quanto poi ai contatti di esponenti dei servizi di sicurezza con elementi di vertice delle famiglie di Cosa Nostra finalizzati alla commissione di attentati ai danni dello Stato, rilevano le dichiarazioni rese dai collaboratori Ferro e Palmeri, sotto certi aspetti sicuramente inquietanti, secondo i quali gli apparati di sicurezza avrebbero avuto un ruolo nella strategia stragista.

Il Milazzo fu assassinato il 14 luglio 1992 per ordine di Salvatore Riina da un commando capitanato da Matteo Messina Denaro, coinvolto in tutte le stragi del 1992 e del 1993. Commando composto, tra gli altri, da Antonino Gioè, esecutore della strage di Capaci, e da Gioacchino Calabrò, condannato con sentenza definitiva per la strage di via Georgofili.

Il giorno seguente fu strangolata la ventitreenne Antonella Bonomo, fidanzata in stato di gravidanza del Milazzo, in quanto si temeva che potesse rivelare i segreti del Milazzo di cui era a conoscenza.

Il collaboratore di giustizia Francesco Di Carlo, ex boss di Altofonte, sentito davanti alla Corte d'assise di Caltanissetta nel processo sulle stragi del 1992 in cui era imputato Matteo Messina Denaro, ha confermato di avere appreso dal cugino Antonino Gioè che Milazzo era stato ucciso perché non voleva le stragi. Matteo Messina Denaro, interrogato dal gip di Palermo dopo la sua cattura, si è limitato a precisare di avere accertato dopo l'omicidio che Antonella Bonomo non era in stato di gravidanza, come se tale circostanza potesse sminuire le sue responsabilità.

Chi erano gli uomini dei servizi segreti che unitamente al dottor Baldassare Lauria – eletto nelle elezioni politiche del 1994 al Senato per il movimento politico Forza Italia – in tre incontri avvenuti poco prima e poco dopo la strage di Capaci, puntualmente descritti dal collaboratore di giustizia Armando Palmeri, chiesero al capomafia di Alcamo Vincenzo Milazzo – già coinvolto nella strage di Pizzolungo del 2 aprile 1985 – di unirsi alla strategia stragista?

Qual è il collegamento tra l'omicidio del Milazzo, eseguito il 14 luglio 1992 a causa del suo rifiuto di partecipare alla esecuzione delle stragi, e la strage di via D'Amelio, eseguita il 19 luglio successivo con il coinvolgimento pure di uomini dei servizi, interessati a far sparire l'agenda rossa di Borsellino e sino a oggi mai identificati?

Per quali motivi il dottor Baldassare Lauria, identificato già dalla Dia con informativa trasmessa alla Procura della Repubblica di Caltanissetta del 7 settembre 2004, è stato interrogato per la prima volta solo nell'anno 2020, ben sedici anni dopo?

Il collaboratore Palmeri è stato trovato morto il 17 marzo 2023 nella sua abitazione, all'età di 62 anni, per cause in corso di accertamento. Il giorno seguente avrebbe dovuto testimoniare a Caltanissetta in un confronto con Baldassare Lauria, la persona da lui indicata come presente agli incontri del Milazzo con gli uomini dei servizi segreti, dopo che la Procura della Repubblica di Caltanissetta ha riscontrato l'esattezza delle dichiarazioni da lui rese sulle ville ove erano avvenuti gli incontri, sull'autovettura utilizzata dal Lauria, e su altri particolari. Il Palmeri aveva chiesto al pm Pasquale Pacifico di poter intervenire in videoconferenza perché aveva paura e si sentiva in pericolo.

Manlio Vesco, proprietario della villa nella quale si svolse il secondo incontro con gli uomini dei servizi segreti, fu trovato morto suicida nell'ottobre del 1993 in circostanze misteriose. Il senatore Ludovico Corrao, proprietario della villa nella quale si svolse il terzo incontro, è stato assassinato il 7 agosto 2011.

Questa inquietante sequenza di avvenimenti è casuale? Si chiede che la Commissione acquisisca presso la Procura della Repubblica di Caltanissetta copia integrale del procedimento penale concernente le indagini svolte a seguito delle dichiarazioni del collaboratore Armando Palmeri sopra specificate e proceda all'audizione del procuratore della Repubblica di Caltanissetta.

Le dichiarazioni dei collaboratori Giuseppe Ferro e Tullio Cannella sui suggeritori esterni per l'esecuzione delle stragi

I collaboratori Giuseppe Ferro, condannato per la strage di via dei Georgofili a Firenze, e Tullio Cannella, che assistette Leoluca Bagarella durante la sua latitanza e che per suo conto si incaricò di dare vita a un nuovo movimento politico (Sicilia Libera) partecipando a varie riunioni, hanno entrambi dichiarato nel processo per la suddetta strage che Leoluca Bagarella disse loro in circostanze diverse che le indicazioni per le esecuzioni delle stragi venivano da ambienti esterni a Cosa Nostra.

Si riporta qui di seguito quanto dichiarato al riguardo dal collaboratore di giustizia Tullio Cannella dinanzi alla Corte d'assise, all'udienza del 25 giugno 1997:

> Il signor Bagarella, per il rapporto che poi io ho avuto dal punto di vista della collaborazione che poc'anzi ho detto, di carattere strategico, politico e tutto, in maniera molto chiara mi disse che in effetti l'ideazione delle stragi non era sua, nel senso che nel 1993, come noi sappiamo, già era stato catturato il signor Salvatore Riina. Quindi si potrebbe pensare che il signor Bagarella, nel 1993, decide di operare, di attuare questa stagione stragista. Ma il commento del signor Bagarella era e fu [...] che questo era il frutto di un determinato piano che era stato preventivamente stabilito o concordato. Mi disse: «È molto facile, caro Tullio, secondo i pentiti, che tutta viene scaricata la responsabilità su Salvatore Riina o su di me. Mentre altri hanno questa responsabilità». Con questa dichiarazione non sto affatto escludendo che sul piano operativo militare il signor Bagarella era a conoscenza, e che altri fattivamente hanno partecipato all'attuazione delle stragi. Intendo precisare che il signor Bagarella mi disse in maniera molto chiara ed evidente che erano da ricercare in ambienti economico, politico, massonico, i veri mandanti e ideatori della strage. Altro non posso dire.

A domanda se si trattasse di una interpretazione:

> No, questa non è un'interpretazione...

Il presidente chiese al Cannella di ripetere:

> Sì, posso ripeterlo. Che in effetti vi erano stati, per questa attuazione, degli interessi. E, quindi, una concomitanza di interessi con Cosa Nostra di ambienti politico-affaristici, quindi economici e massonici, per spiegarlo in maniera ancora più chiara.

Il collaboratore Giuseppe Ferro a sua volta ha dichiarato:

> Aggiungo che, dopo l'arresto di Gino Calabrò, mi incontrai con Leoluca Bagarella, da solo, a Partinico. Bagarella mi disse che aveva bisogno di «appoggi» a Bologna e a Firenze. A Bologna, lo dico ora in sede di verbalizzazione, io ho un cognato che si chiama Gaspare Milazzo, situazione della quale Bagarella era a conoscenza. Obiettai che, finché Cosa Nostra avesse avuto come obiettivi magistrati e forze dell'ordine, si sarebbe trattato di uno scontro tra combattenti che appartenevano a due fronti opposti. Se invece si fossero fatte azioni che coinvolgevano persone innocenti, Cosa Nostra avrebbe perso il consenso per la generalizzata reazione di rigetto che si sarebbe avuta. Bagarella allargò le braccia e mi rispose: «Vogliono che facciamo rumore». Chiestomi di circostanziare questo incontro con Bagarella, dico che era d'estate: poteva essere tra fine maggio e giugno: Non era ancora luglio. L'incontro si svolse a Partinico.

Ancora:

> Quando mi dovevano arrestare (si tratta dell'arresto della fine del 1992), ebbi un incontro con Bagarella a Castellammare. Gli chiesi se c'era un modo per evitare l'arresto,

ricorrendo a qualche aiuto esterno a Cosa Nostra e lui mi rispose che al momento non c'erano aiuti e che erano «gli altri, quelli che in passato erano stati aiutati, che chiedevano ora a noi aiuto». Aggiungo ora che Cosa Nostra riceveva informazioni anche da ambienti esterni, che potevano essere quelli politici o quelli della massoneria.

Chi erano i suggeritori esterni?

Le dichiarazioni del collaboratore di giustizia Giovanbattista Ferrante sui mandanti esterni appartenenti alla massoneria e le intercettazioni di Salvatore Riina sui massoni che avevano voluto l'esecuzione di stragi fuori dalla Sicilia

Il collaboratore Giovanbattista Ferrante, uomo d'onore del mandamento di San Lorenzo, condannato quale partecipe a entrambe le stragi siciliane del '92, ha dichiarato alla Procura della Repubblica di Caltanissetta in data 8 aprile 1988 che Riina, dopo avere incontrato Matteo Messina Denaro, aveva affermato in sua presenza che le stragi le avevano richieste i massoni. Tale dichiarazione ha trovato un eccezionale riscontro nelle rivelazioni dello stesso Salvatore Riina. Intercettato nel carcere di Opera nel corso del suo colloquio con il detenuto Lo Russo del 18 agosto 2013, Riina esprimeva in modo infervorato tutto il proprio disappunto perché dopo il suo arresto erano state eseguite stragi fuori dalla Sicilia, in particolare a Firenze, accusando i mafiosi che avevano assunto tale decisione di essersi prestati a fare il gioco degli altri, altri espressamente indicati come i massoni. Riina qualificava i mafiosi che avevano deciso di eseguire la strage a Firenze come sbirri e infamoni, che nel gergo mafioso equivale a vicini ai poliziotti e ai servizi segreti. [...]

In ordine ai rapporti tra Cosa Nostra, 'Ndrangheta e massoneria, si rinvia alla analitica ricostruzione basata su dichiarazioni riscontrate di collaboratori di giustizia e di testimoni, contenuta nella motivazione della sentenza sopra indicata del processo 'Ndrangheta stragista, di cui si chiede l'acquisizione, e in particolare al Capitolo III, intitolato: *I rapporti tra le organizzazioni criminali e la politica. Le infiltrazioni e il coinvolgimento della massoneria.* Si chiede che la Commissione acquisisca presso la Procura della Repubblica di Caltanissetta copia delle dichiarazioni rese da Giovanbattista Ferrante in data 8 aprile 1988 nonché presso la Procura della Repubblica di Palermo copia delle trascrizioni di tutte le intercettazioni dei colloqui di Riina in carcere e, in particolare, del colloquio del 18 agosto 2013.

Le anticipazioni sulla strage di Capaci dell'agenzia di stampa «Repubblica»

Quarantotto e ventiquattro ore prima della strage di Capaci, l'agenzia giornalistica anticipava che di lì a poco si sarebbe verificato «un bel botto esterno» per interferire sulle elezioni in corso del nuovo presidente della Repubblica. Le indagini svolte dalla Dia sull'agenzia «Repubblica» hanno permesso di appurare che il direttore responsabile dell'agenzia era Ugo Dell'Amico, figlio di Lando Dell'Amico, a sua volta «*direttore politico*» e fondatore (fin dal 1980) dell'agenzia. Lando Dell'Amico era stato per anni militante nell'estrema destra, legato al principe Junio Valerio Borghese, ed era stato coinvolto nelle indagini sulla strage di piazza Fontana, nell'ambito delle quali, nel 1974, era stato tratto in arresto.

Chi erano le fonti che consentirono di preannunciare l'imminente esecuzione della strage di Capaci?

A chi era diretto quel messaggio decifrabile solo da addetti ai lavori abbonati a quell'organo di stampa?

Il collaboratore di giustizia Giovanni Brusca, sentito nel processo a carico del senatore Giulio Andreotti, ha dichiarato in udienza che Salvatore Riina gli disse che con la strage di Capaci avevano raggiunto due risultati: uccidere Falcone e impedire ad Andreotti di diventare presidente della Repubblica.

Si chiede che la Commissione acquisisca copia degli articoli di stampa citati e, presso la Procura della Repubblica di Palermo, copia delle indagini svolte dalla Dia al riguardo nell'ambito del procedimento penale [...] a carico di Licio Gelli più 13, nonché copia della trascrizione delle dichiarazioni rese dal collaboratore Giovanni Brusca nel dibattimento del processo a carico del senatore Giulio Andreotti.

Le anticipazioni di Elio Ciolini su tutte le stragi e gli omicidi del 1992 e del 1993

Alla fine del 1991 veniva tratto in arresto Elio Ciolini, già coinvolto nelle indagini sulla strage di Bologna. Al momento dell'arresto, Ciolini veniva trovato in possesso di documenti e numeri di telefono attestanti i suoi rapporti con i servizi segreti statunitensi, italiani e di altre nazionalità.

Ciolini, in data 4 marzo 1992, indirizzava una missiva al giudice istruttore presso il Tribunale di Bologna, scrivendo:

> Nel periodo marzo-luglio di quest'anno avverranno fatti intesi a destabilizzare l'ordine pubblico, come: esplosioni dinamitarde intese a colpire persone «comuni» in luoghi pubblici; sequestro ed eventuale «omicidio» di esponente politico Psi, Pci, Dc; sequestro ed eventuale «omicidio» del futuro presidente della Repubblica.

In data 18 marzo 1992, Ciolini scriveva un'altra lettera al giudice istruttore di Bologna:

> Egregio dottore, non a caso la mia informazione sugli eventi di quanto in oggetto, per sfortuna, si è rivelata giusta. Alla riunione parlavano in inglese, ho fatto un poco di fatica a ricordare, per questo solo oggi le scrivo. Ora, «bisogna» attendersi un'operazione terroristica diretta ai vertici del Psi, a personaggio di rilievo.

Lo stesso giorno consegnava un appunto esplicativo della complessa strategia stragista e di destabilizzazione politica in corso di esecuzione, che coinvolgeva, oltre alle mafie, esponenti della massoneria, e che prevedeva, nel prosieguo, di «distogliere l'impegno dell'opinione pubblica dalla lotta alla mafia, con un pericolo diverso e maggiore di quello della mafia».

Tutte le anticipazioni fatte dal Ciolini in periodo non sospetto si verificarono puntualmente.

In effetti, la strategia stragista ebbe il suo incipit nel marzo 1992 a Palermo, con l'omicidio, il 12 marzo 1992, dell'onorevole Salvo Lima, importante esponente nazionale della Dc e referente siciliano del senatore Giulio Andreotti, uno dei più autorevoli candidati alla carica di presidente della Repubblica. La suddetta strategia ebbe il suo climax nel luglio 1992, con la strage di via D'Amelio. [...]

Veniva accertato che un gruppo di fuoco di Cosa Nostra era stato in effetti incaricato di uccidere l'onorevole Claudio Martelli («omicidio di esponente politico Psi, Pci, Dc»).

Veniva appurato che, in effetti, era stato progettato di uccidere Andreotti o di rapire e sequestrare suo figlio («sequestro ed eventuale "omicidio" del futuro presidente della Repubblica).

Infine, nel 1993, venivano eseguite le stragi nel Nord dell'Italia che – come preannunciato da Ciolini già il 18 marzo 1992 – sortivano lo scopo di «distogliere l'impegno dell'opinione pubblica dalla lotta alla mafia, con un pericolo diverso e maggiore di quello della mafia».

A seguito delle rivelazioni del Ciolini, il capo della Polizia e il ministro dell'Interno Vincenzo Scotti diramarono dispacci di preallarme a tutte le prefetture dello Stato.

Quali erano le fonti di Ciolini?

Chi si avvalse di Ciolini per lanciare, tramite lui, l'allarme su quanto si preparava?

Si chiede che la Commissione acquisisca presso la Procura della Repubblica di Firenze tutta la documentazione sequestrata al Ciolini al momento del suo arresto – documentazione che a tutt'oggi non risulta essere mai stata oggetto di indagine – attestante i suoi rapporti con i servizi segreti nazionali ed esteri, nonché copia delle missive e degli appunti del Ciolini sopra menzionati; presso la Procura della Repubblica di Firenze e di Palermo, copia degli atti di indagine compiuti a seguito delle dichiarazioni del Ciolini.

I temi di indagine accennati sono di estremo rilievo, tenuto conto che a far data dal dicembre 1992 numerosi collaboratori di giustizia dichiareranno che negli ultimi mesi del 1991 si erano svolte riunioni nella provincia di Enna, riservate solo a una ristretta élite di capi regionali di Cosa Nostra, nel corso delle quali era stato approvato un piano tenuto segreto al di fuori di quella cerchia ristretta, e quindi tenuto segreto anche ai componenti della commissione provinciale di Palermo ai quali, alla fine del 1991, Riina comunicò solo le motivazioni interne attinenti agli specifici interessi di Cosa Nostra, senza fare alcuna menzione della partecipazione di soggetti esterni, né di quanto era stato deciso nelle riunioni di Enna.

Tale piano, elaborato su indicazione di soggetti esterni appartenenti alla massoneria, al mondo politico e alla destra eversiva, prevedeva che gli omicidi e le stragi eseguiti da Cosa Nostra venissero fatti con una tempistica e una scelta mirata degli obiettivi, tali da finalizzare l'esecuzione di queste azioni criminose non solo agli interessi interni dell'organizzazione mafiosa, ma altresì agli interessi di un più articolato sistema criminale. Ciò al fine di destabilizzare l'ordine politico esistente, non più in grado di garantire l'impunità e gli interessi di tale sistema criminale, e di creare le condizioni per la discesa in campo di un nuovo soggetto politico allora in fase di formazione. Tale soggetto, in una prima fase storica, era stato una formazione leghista meridionale. Tuttavia, nel corso del 1993, a seguito della nascita della formazione politica Forza Italia, i consensi furono dirottati su tale nuova formazione politica.

A prescindere dalle dichiarazioni dei collaboratori di giustizia, la compartecipazione alle stragi di complici eccellenti, integrati in un complesso aggregato di forze criminali, fu rilevata autonomamente dalla Direzione investigativa antimafia già in un'informativa del 1993, nella quale si evidenziava che: 1) dietro le stragi si muoveva una «aggregazione di tipo orizzontale, in cui ciascuno dei componenti è portatore di interessi particolari perseguibili nell'ambito di un progetto più complesso in cui convergono finalità diverse»; 2) dietro gli esecutori mafiosi c'erano menti che avevano «dimestichezza con le dinamiche del terrorismo e con i meccanismi della comunicazione di massa, nonché una capacità di sondare gli ambienti della politica e di interpretarne i segnali».

Il primo collaboratore di giustizia in ordine temporale a rivelare i contenuti delle riunioni di vertice a Enna nel 1991 fu Leonardo Messina. Audito dalla Commissione parlamentare antimafia il 4 dicembre 1992, Messina dichiarò quanto segue:

Messina	La riunione è stata l'atto finale. Erano lì da circa tre mesi...
Presidente	Lì dove?
Messina	Nella provincia di Enna. Avevano fatto la nuova strategia e avevano deciso i nuovi agganci politici, perché si stanno spogliando anche di quelli vecchi.
Presidente	Può spiegare meglio questo passaggio di alleanze?
Messina	Cosa Nostra sta rinnovando il sogno di diventare indipendente, di diventare padrona di un'ala dell'Italia, uno Stato loro, nostro.
Presidente	L'obiettivo è quello di rendere indipendente la Sicilia rispetto al resto d'Italia?
Messina	Sì. In tutto questo Cosa Nostra non è sola, ma è aiutata dalla massoneria.
Presidente	Ci sono forze nuove alle quali si stanno rivolgendo?
Messina	Sì, ci sono forze nuove.
Presidente	Può dire alla Commissione di quali forze si tratta?
Messina	Non vorrei creare qua situazioni...
Presidente	Va bene. Si tratta di formazioni tradizionali o di formazioni nuove?
Messina	Sono formazioni nuove.
Presidente	Non tradizionali.
Messina	No, non tradizionali.
Presidente	In Sicilia sono forti o sono deboli?

Messina Non vengono dalla Sicilia.

Presidente Lei ha fatto più volte riferimento alla massoneria. Vuole spiegare questo rapporto?

Messina Molti degli uomini d'onore, cioè quelli che riescono a diventare dei capi, appartengono alla massoneria. Questo non deve sfuggire alla Commissione, perché è nella massoneria che si possono avere i contatti totali con gli imprenditori, con le istituzioni, con gli uomini che amministrano il potere, diverso da quello punitivo che ha Cosa Nostra.

Presidente Ed è nella massoneria che sta sorgendo questa idea del separatismo?

Messina Sì. Desidero precisare che tutto quello che dico non è fonte di deduzioni o di interpretazioni personali, ma è quello che so.

Presidente Queste cose le sa per conoscenza diretta?

Messina Sì, le so per conoscenza diretta.

Presidente Può spiegare l'ipotesi separatista? Lei ha detto che la Sicilia è troppo piccola ormai per gli affari di Cosa Nostra; poi però ha aggiunto che a Cosa Nostra e ai massoni insieme ora interesserebbe il separatismo siciliano. Può spiegare questi due concetti che sembrano apparentemente in contraddizione?

Messina «Massone» è una parola che poi racchiude tantissimi tipi di persone. Cosa Nostra non può più rimanere succube dello Stato, sottostare alle sue leggi, Cosa Nostra si vuole impadronire e avere il suo Stato.

Presidente Le spinte separatiste vengono da fuori o sono dentro i confini nazionali?

Messina Penso che vengono da fuori dei confini nazionali. Posso parlare del programma della regione mafiosa; sarebbe assurdo che sapessi che cosa decide la massoneria. So che cosa ha deciso Cosa Nostra.

Presidente E la regione ha deciso, come lei ci spiegava, di orientarsi verso l'indipendentismo, verso un nuovo separatismo?

Messina Sì.

Presidente Questo separatismo sarebbe in collegamento con forze – lei dice – non nazionali o anche con forze nazionali?

Messina Anche con forze nazionali.

Presidente Quindi con forze nazionali e non nazionali?

Messina Sì.

Presidente Le forze nazionali sono politiche o no?

Messina Anche politiche.

Presidente Politiche e non, quindi?

Messina Politiche e imprenditrici.

Presidente Non istituzionali?

Messina Anche.

Presidente Quindi ci sono settori, per così dire, delle istituzioni, dell'imprenditoria e della politica che sosterrebbero questo progetto?

Messina Sì.

Presidente Questo per quanto riguarda l'Italia. Per quanto riguarda l'estero, che lei sappia?

Messina Dell'estero non so. So quello che hanno deciso là.

Presidente Quindi sa che c'è un sostegno anche dall'estero, ma non sa da che parte venga. È così?

Messina Sì. Consideri che vengo a conoscenza solo dei fatti che decide Cosa Nostra; posso parlare dei passaggi di cui sono a conoscenza, non posso fare deduzioni sull'estero.

Presidente Non c'è dubbio. La teoria separatista vuol dire colpo di Stato o vuol dire...

Messina In precedenza Cosa Nostra si adoperava per fare colpi di Stato.

Presidente Nel passato sì, così come ha spiegato.

Messina Oggi possono arrivare al potere senza fare un colpo di Stato.

Presidente Lei ha accennato più volte alla questione del separatismo e ha spiegato il tipo di intese che vi possono essere dietro, nonché la ragione e lo scopo del separatismo. Vi sono o meno forze politiche siciliane d'accordo su questo progetto del separatismo?

Messina Loro appoggeranno una forza politica a distanza di qualche anno che partirà dal Sud. Ora la manovra non viene dal Sud.

Presidente La manovra viene da altre parti, però Cosa Nostra appoggerà una forza politica siciliana. È questo che sta dicendo?

Messina Sì.

Presidente Una forza politica nuova o tradizionale?

Messina Nuova, con un nome nuovo.

Presidente Riina è il capo di questa strategia tendente a separare la Sicilia dal resto d'Italia?

Messina Sì, è uno dei capi.

Presidente E gli altri capi chi sono?

Messina I capi della provincia che voi chiamate corleonesi, che sono i rappresentanti provinciali.

Presidente Lei comprende che questa questione interessa particolarmente la nostra Commissione perché riguarda la struttura dello Stato. Quindi, in merito alla strategia separatista, se ha gli elementi per farlo, può spiegare più approfonditamente alla Commissione cosa vuol dire?

Messina In pratica, devono appoggiare nuovi partiti che tentano...

Presidente Che tentano di separare la Sicilia dal resto d'Italia?

Messina Sì.

Presidente Lei ha detto prima che questi gruppi non vogliono più dipendere dallo Stato nazionale.

Messina In un certo senso. Finora hanno controllato lo Stato. Adesso vogliono diventare Stato.

R. Ferrauto Solo la Sicilia interessa questo movimento separatista?

Messina No. Io parlo di Cosa Nostra, che è la stessa in Calabria come in Sicilia.

Presidente Il tipo di separatismo di cui lei ha sentito parlare, di cui si decideva a Enna, riguardava soltanto la Sicilia o anche altre parti d'Italia?

Messina Riguardava l'organizzazione di Cosa Nostra. Non si parlava della Sicilia ma dell'organizzazione, quindi delle regioni dove c'è Cosa Nostra.

Presidente Quindi, la separazione dovrebbe riguardare non solo la Sicilia.

Messina Sicilia, Campania, Calabria, Puglia.

Presidente Questo è il tipo di questione che è stato affrontato a Enna?

Messina Sì.

C. D'Amato Anche la Lombardia si doveva separare?

Messina Dipende.

Presidente Quindi, il problema era di disporre di aree sulle quali esercitare un controllo davvero totale.

Messina Non doveva trattarsi di un controllo di altri ma dell'impossessamento totale.

Presidente Tornando al tema del separatismo, vorrei chiederle se in Sicilia oggi ci sono alleati politici favorevoli a questo progetto.

Messina Li stanno creando.

Presidente Parliamo del tentativo di un nuovo compromesso, oppure si è deciso di non avere più compromessi?

Messina Ci sarà un nuovo compromesso con chi rappresenterà il nuovo Stato, se ce la faranno.

Presidente Però, se c'è un progetto separatista, si tratta di una cosa distinta: un compromesso vuole dire che si resta comunque all'interno dello Stato unitario, oppure no?

Messina Sì, ma loro hanno interesse ad arrivare al potere con i propri uomini, che sono la loro espressione: non saranno più sudditi di nessuno.

Presidente Quindi, possono essere strade diverse per raggiungere lo stesso tipo di obiettivo?

Messina Loro devono raggiungere un fine: che sia la massoneria, che sia la Chiesa, che sia un'altra cosa, devono raggiungere l'obiettivo. Cosa Nostra deve raggiungere l'obiettivo, qualsiasi sia la strada.

Leonardo Messina, nei successivi interrogatori confermava e precisava quanto da lui appreso sul «progetto politico-eversivo» discusso dai vertici di Cosa Nostra nel corso delle riunioni di Enna, fornendo altresì un racconto assai minuzioso e ricco di dettagli, che ha consentito di svolgere una puntuale attività di riscontro.

Una delle tante volte in cui io mi trovai a conversare con il Borino Micciché, il Mario Potente e il Giovanni Monachino,

il discorso cadde sull'on. Umberto Bossi della Lega Nord, che poco tempo prima era andato a Catania. Io, che allora consideravo Bossi un «nemico della Sicilia», dissi: «Perché un'altra volta che viene qua non l'ammazziamo?». Al che il Micciché esclamò: «Ma che sei pazzo? Bossi è giusto». Il Micciché spiegò quindi che la Lega Nord, e all'interno di essa non tanto Bossi, che era un «pupo», quanto il senatore Gianfranco Miglio, era l'espressione di una parte della Democrazia cristiana e della massoneria, che faceva capo all'onorevole Andreotti e a Licio Gelli. Il Micciché spiegò ancora che dopo la Lega del Nord sarebbe nata una Lega del Sud, in maniera tale da non apparire espressione di Cosa Nostra, ma in effetti al servizio di Cosa Nostra; e in questo modo «noi saremmo divenuti Stato».
Queste cose il Micciché disse di averle sapute proprio da Riina e da altri componenti della «regione».

Nell'agosto del 1991, il Micciché mi disse che nella zona di Enna, in un posto che non specificò, si trovavano riuniti Salvatore Riina, Bernardo Provenzano, Giuseppe Madonia e Benedetto Santapaola. Costoro, come ebbe a riferirmi lo stesso Micciché successivamente, si trattennero nella zona di Enna sino al febbraio del '92, data in cui si svolse una riunione formale della commissione regionale, alla quale parteciparono anche Angelo Barbero, Salvatore Saitta e altri rappresentanti provinciali, dei quali non mi fece i nomi. Provenzano, Riina, Madonia e Santapaola, dall'agosto '91 sino agli inizi del '92, si trattennero nella zona di Enna per discutere di un progetto politico finalizzato alla creazione di uno Stato indipendente del Sud all'interno di una separazione dell'Italia in tre stati: uno del Nord, uno del Centro e uno del Sud. In tal modo, Cosa Nostra si sarebbe fatta Stato. Il progetto era stato concepito dalla massoneria. A tal riguardo,

intendo chiarire che Cosa Nostra e la massoneria, o almeno una parte della massoneria, sono stati sin dagli anni Settanta un'unica realtà criminale integrata. Il progetto aveva anche l'appoggio di potenze straniere. Era stata stanziata la somma di mille miliardi per finanziare il progetto. Coinvolti in tale progetto erano non solo esponenti della criminalità mafiosa e della massoneria, ma anche esponenti della politica, delle istituzioni e forze imprenditoriali. Il progetto consisteva nella futura creazione di un nuovo soggetto politico, la Lega Sud o Lega Meridionale, che doveva essere una sorta di «risposta naturale» del Sud alla Lega Nord.
A proposito della Lega Nord, quando io proposi al Micciché di uccidere Bossi in occasione di un suo viaggio a Catania nel settembre-ottobre 1991, questi mi spiegò che Bossi era in realtà un «pupo» e che il vero artefice del progetto politico della Lega Nord era Miglio, dietro il quale c'erano Gelli e Andreotti. Mi disse anche che la Lega Nord era finanziata da forze imprenditoriali del Nord, non meglio precisate, che avevano interesse alla suddivisione dell'Italia in tre stati separati. Quando Micciché, che aveva appreso quanto sopra poiché era lui ad ospitare Riina e gli altri nel suo territorio, mi fece tale discorso, era presente pure Giovanni Monachino, «uomo d'onore» della famiglia di Pietraperzia, il quale faceva da vivandiere a Riina e agli altri. Durante la permanenza di Riina e degli altri nella zona di Enna, io incaricai Remigio Augello, figlio di una persona che ha un negozio di carte da parati a San Cataldo, di predisporre e collocare, nella zona ove Riina e gli altri si riunivano, un'apparecchiatura che serviva a intercettare sia i telefonini sia le radio della Polizia, per garantire la sicurezza dei vertici di Cosa Nostra. Io non dissi all'Augello a quale scopo serviva l'apparecchiatura, né che in quella zona si trovavano Riina e gli altri. L'Augello fu costretto ad acquistare a Catania un'antenna più

> potente di quella originariamente installata. L'Augello fu portato sul luogo, che io non conosco, dal Monachino e da Potente (cugino di Borino Micciché e altro «uomo d'onore» della famiglia di Pietraperzia). L'Augello non è uomo d'onore. È una persona alla quale io avevo fatto dei favori [...]. Le riunioni che si svolsero dall'agosto in poi furono preparatorie della riunione allargata tenutasi nel febbraio 1992. Dopo tale ultima riunione, il Micciché mi disse che era stato deciso di uccidere Falcone. Non mi parlò degli altri argomenti che erano stati discussi.

Le dichiarazioni di Leonardo Messina sono state successivamente confermate e integrate dalle dichiarazioni di numerosi collaboratori di giustizia appartenenti a Cosa Nostra, alla 'Ndrangheta e ad altri ambienti criminali esterni, che hanno consentito di delineare come le stragi del 1992 e del 1993 siano state eseguite nell'ambito di una complessa strategia stragistica di tipo eversivo avente l'obiettivo di creare le condizioni più idonee per la nascita di un nuovo movimento politico. Si tratta dei collaboratori di Cosa Nostra Maurizio Avola, Filippo Malvagna, Francesco Pattarino, Tullio Cannella, Gioacchino Pennino, Antonino Galliano, dei collaboratori calabresi Filippo Barreca e Pasquale Nucera, dei collaboratori pugliesi, già appartenenti alla Sacra Corona Unita, Gianfranco Modeo e Marino Pulito, di Massimo Pizza e altri ancora. [...]

In particolare, il collaboratore Maurizio Avola all'udienza del 9 aprile 1999 del processo per la strage di via D'Amelio riferiva che nelle riunioni di Enna – come egli aveva appreso da uno dei partecipanti, Eugenio Galea, all'epoca vicerappresentante provinciale di Catania – Salvatore Riinà aveva esposto il piano strategico dell'organizzazione, consistente in un clima di attacco allo Stato che avrebbe consentito di «togliere il vecchio» sistema politico e, al contempo, di creare un clima favorevole per l'affermazione di un nuovo soggetto politico: «il nuovo partito».

Tutti gli attentati avrebbero dovuto essere rivendicati con la sigla Falange Armata. La strategia, che aveva incluso anche i fatti del 1992, era stata portata avanti con un duplice scopo: quello di eliminare i personaggi che, secondo l'ottica dell'organizzazione, avevano concorso a danneggiarla e tra questi, certamente i giudici Falcone e Borsellino, e quella diretta al compimento di attentati terroristici, tra i quali il danneggiamento di tralicci dell'Enel, di opere d'arte di particolare valore, atti da compiersi al di fuori del territorio siciliano, al fine di destabilizzare lo Stato. Proprio per tale motivo, il collaboratore era stato incaricato da parte della famiglia mafiosa dei catanesi di recarsi già nel 1992 a Firenze per visionare qualche opera d'arte di particolare pregio da includere tra gli obiettivi da colpire successivamente. [...]

Le indagini svolte hanno confermato che, nei mesi seguenti alle riunioni di Enna, furono costituiti numerosi movimenti politici variamente denominati, promossi da esponenti della massoneria, da esponenti della destra eversiva come Stefano Delle Chiaie, da esponenti di Cosa Nostra e della 'Ndrangheta, tutti destinati a confluire in una più grande formazione politica nazionale aggregatrice promossa da Licio Gelli. [...]

In particolare, dalle indagini svolte dalla Dia (cfr. l'informativa Dia del 4 marzo 1994) risultava che Stefano Menicacci, avvocato di Stefano Delle Chiaie e suo socio nella Intercontinental Export Company I.E.C. S.r.l., e Domenico Romeo, palermitano, pregiudicato per reati comuni, l'8 maggio 1990 avevano fondato la Lega Pugliese, l'11 maggio la Lega Marchigiana, il 13 maggio la Lega Molisana, il 17 maggio la Lega Meridionale o del Sud, il 18 maggio la Lega degli Italiani e, sempre nello stesso periodo, avevano fondato la Lega Sarda. La maggior parte di questi movimenti di nuova formazione avevano eletto la propria sede sociale presso lo studio dell'avvocato Menicacci, già sede della Intercontinental Export Company I.E.C. S.r.l. Si segnalava, inoltre, che durante il medesimo arco di tempo erano intanto sorti anche movimenti leghisti legati a Licio Gelli. Infatti, il 7 maggio 1991, Licio Gelli aveva fondato la Lega Italiana, con sede a Roma, insieme con Bruno Rozzera (prefetto in pensione, già appartenente alla P2), Domenico Pittella (già senatore Psi, coinvolto nell'inchiesta giudiziaria sulle Brigate Rosse denominata «Moro ter» e condannato a 7 anni e 3 mesi per partecipazione a banda armata), Alfredo Esposito (già vicino agli ambienti del Msi), Enrico Viciconte (pubblicista, funzionario della Regione Lazio, già organizzatore e dirigente del periodico calabrese «Progetto Sibari» e di varie emittenti radiofoniche e televisive).

Il 31 gennaio 1992 il Pittella e il Viciconte fondavano, con altre persone, la Lega Italiana-Lega delle Leghe. Nell'ambito di questa iniziativa, il Pittella, in data 17 gennaio 1992, tenne in provincia di Potenza il Primo forum della Lega delle Leghe, con la partecipazione di elementi già appartenenti all'Msi, di rappresentanti del Movimento Lucano (in stretto contatto con la Lega Nazional Popolare, altra iniziativa politica direttamente riconducibile a Stefano Delle Chiaie) e della Lega Sud di Calabria. Il programma era la costituzione di un cartello elettorale denominato Lega delle Leghe di cui, oltre ai summenzionati partiti, avrebbero dovuto far parte il Partito di Dio-Partito del Dovere del napoletano Mauro Boccone, i Movimenti Lombardo e Popolare di Milano e Busto Arsizio, la Lega Toscana e la Lega Laziale.

Nel marzo 1993 a Massa Carrara nasceva il movimento politico Lega Italia, con sede in Roma e operante in Massa tramite tale Antonio Esposito. Fondatore era Licio Gelli, unitamente agli stessi personaggi che avevano partecipato alla costituzione della Lega Italiana e della Lega delle Leghe. Nelle elezioni amministrative dello stesso anno in molte città venne presentata la lista della Lega Italia Federale, che tra gli iscritti annoverava Enrico Viciconte e Domenico Romeo, ovvero uno dei fondatori delle leghe riconducibili a Licio Gelli e uno dei fondatori delle leghe riconducibili a Stefano Delle Chiaie.

Nel 1993, poi, venne costituita a Catania Sicilia Libera, nell'ambito di analoga convergenza di interessi.

Ulteriori risultanze emergevano, poi, dalla minuziosa analisi dei movimenti leghisti meridionali successivamente compiuta dalla Dia, anche sulla base della documentazione fornita dal Sisde e dalla Direzione centrale Polizia di prevenzione [...].

Il dato rilevante che emerge da tali accertamenti è che, nello stesso periodo in cui sorsero i movimenti meridionalisti fondati dall'avvocato Stefano Menicacci e da personaggi al medesimo legati (per lo più provenienti dalle fila dell'estrema destra), cominciarono a sorgere nelle varie regioni centrali e meridionali d'Italia una serie di movimenti, tutti apertamente collegati alla Lega Nord e per lo più fondati da tale Cesare Crosta. In quasi tutti i casi, i movimenti fondati dal Crosta si sono poi fusi con quelli costituiti dall'avvocato Menicacci.

Tra i vari movimenti meridionalisti, le indagini hanno particolarmente posto in evidenza, per la sua matrice spiccatamente massonica, per i suoi rapporti con ambienti della criminalità organizzata e per la tormentata storia dei suoi rapporti con Licio Gelli, la Lega Meridionale-Centro-Sud-Isole, costituita il 27 giugno 1989 dai seguenti soci fondatori: l'avvocato Egidio Lanari, il Gran Maestro siciliano Giorgio Paternò, il pugliese Cosimo Donato Cannarozzi e il calabrese Enzo Alcide Ferraro. L'avvocato Lanari è stato difensore del noto capomafia Michele Greco ed è colui il quale propose pubblicamente di candidare alle successive elezioni politiche, fra gli altri, lo stesso Michele Greco, Vito Ciancimino e Licio Gelli. Quanto al Gran Maestro Giorgio Paternò, è lo stesso che aveva pubblicamente, con ampio risalto sulla stampa nazionale, riabilitato il noto Licio Gelli, riaccogliendolo «fraternamente e a braccia aperte nella fratellanza Universale, insieme a tutti i fratelli iscritti alla Venerabile Loggia P2», affermando che «la Loggia P2 era ed è legittima», e definendo infine Gelli e i suoi fratelli «massoni in eterno».

Il programma della Lega Meridionale, come si può desumere dal «documento» del movimento pubblicato il

22 luglio 1989 dall'agenzia di stampa «Punto critico», era principalmente indirizzato contro la cosiddetta «partitocrazia» e la magistratura [...].

Nel contempo, si rilevano rapporti della Lega Meridionale con personaggi legati agli ambienti eversivi della destra. In pubbliche manifestazioni (come ad esempio quella di Roma del 6 giugno 1990, intitolata «*Un indulto per la pacificazione nazionale*») con il Lanari intervennero soggetti quali Adriano Tilgher (esponente di Avanguardia Nazionale), l'avvocato Giuseppe Pisauro (legale di Stefano Delle Chiaie), Tommaso Staiti Di Cuddia, i fratelli Stefano e Germano Andrini (militanti dell'organizzazione di estrema destra Movimento Politico Occidentale di Maurizio Boccacci, molto legato a Stefano Delle Chiaie) ed esponenti degli skinhead romani, tra cui Mario Mambro (fratello di Francesca Mambro, esponente anch'esso del Movimento Politico Occidentale). Il Lanari, nel suo intervento, manifestò disponibilità e interesse verso il progetto politico di organizzazione delle leghe meridionali, al quale si era dedicato in quel periodo Stefano Delle Chiaie.

Al convegno dell'11 novembre 1990 presso l'hotel Midas di Roma, nel corso del quale venne illustrata la linea politica del movimento, vennero invitati Vito Ciancimino, che effettivamente vi presenziò, e Licio Gelli, che con una lettera del 30 ottobre 1990 offrì il proprio sostegno morale e con un telegramma dell'11 novembre 1990, nel confermare la propria adesione all'iniziativa politica, comunicò l'impossibilità di intervenire.

Al convegno del 28 novembre 1990 presso l'hotel Majestic di Roma, a seguito delle dimissioni di Giorgio Paternò, avvenute per divergenze con la linea adottata da Egidio Lanari, venne eletto un nuovo presidente, nella persona di Elio Siggia, considerato vicino a Gelli. Causa l'indisponibilità del Siggia, venne eletto Claudio Alari.

La Lega Meridionale divenne, intanto, un punto di riferimento per altri analoghi movimenti (fra cui la Lega Romana e la Lega Meridionale di Lecce). Nel suo organigramma, un ruolo di rilievo ebbe la città di Catania, una delle poche a essere sede di una segreteria provinciale, guidata da Antonino Strano, poi divenuto esponente di spicco del movimento Sicilia Libera, e sul quale il collaboratore catanese Francesco Pattarino, nell'interrogatorio del 4 febbraio 1998, ha riferito di avere appreso nel '91 che egli era un uomo politico «in obbligo» con l'associazione mafiosa, cui i mafiosi catanesi potevano certamente «fare riferimento».

Al convegno «Giustizia e libertà», svoltosi il 10 febbraio 1991 ad Anghiari (provincia di Arezzo), l'avvocato Lanari offrì pubblicamente una candidatura a Gelli e difese l'iniziativa presa anche nei confronti di Vito Ciancimino (e cioè l'invito al convegno dell'hotel Midas) e dell'ex senatore del Psi Domenico Pittella (nome proposto da Gelli) [...].

Il 2 marzo 1991, la denominazione del movimento venne indicata come Lega Meridionale per l'Unità Nazionale e il 6 aprile 1991 si tenne all'hotel Jolly di Palermo il convegno «Sicilia = terra di nessuno o Stato di Polizia?», dove venne pubblicizzato un referendum abrogativo della legge Rognoni-La Torre, già formalizzato presso la Corte di cassazione.

Riguardo alla posizione di Licio Gelli, va rammentato che già nell'informativa Dia del 4 marzo 1994, cui si è fatto cenno, si segnalavano alcune sue «singolari» interviste rilasciate proprio nel periodo in cui divampava la strategia della tensione del 1992-93.

Nel settembre del 1992, Gelli aveva rilasciato un'intervista al settimanale «L'Europeo», nel corso della quale aveva, fra l'altro, dichiarato: «È da un pezzo che ci sarebbero tutte le condizioni per un colpo di Stato onde eliminare la teppaglia che ci sta rapinando. [...] In realtà, sa chi rappresenta l'unica speranza, in questo paese alla deriva? Bossi. Bossi, che se davvero darà il via allo sciopero fiscale, eh beh: sarò il primo ad aggregarmi. D'altronde, perché dovrei pagare le tasse?».

Su «Paese Sera» del 3 agosto 1993, in un'intervista intitolata «Prevedo una rivoluzione», Gelli individuava negli attentati dell'estate di quell'anno la logica conseguenza dello stato di esasperazione in cui versava la popolazione oppressa da una classe politica corrotta e da un governo iniquo, responsabile di ingiustizie fiscali e della crescente disoccupazione. Secondo Gelli, infatti, si sarebbe trattato dei primi segnali di una ribellione montante, provocata dal desiderio di accelerare il processo di ricambio della classe politica. Ogni ulteriore ritardo, unitamente al progressivo aumento dei disoccupati, sarebbe stato suscettibile di far degenerare l'insofferenza della popolazione in un'autentica rivoluzione.

Si noti che, nei suoi interventi pubblici e nelle sue interviste, Gelli esprime concetti quali «l'esasperazione in cui versa la popolazione oppressa» e indica come via d'uscita quella di «accelerare il ricambio della classe politica corrotta e iniqua...», argomenti che riecheggiano quelli formulati da Riina nell'esporre, nel settembre del 1992, il piano eversivo, i quali così vengono riferiti dal collaboratore Avola: «Il popolo esasperato sarebbe stato propenso ad appoggiare gli uomini che sarebbero scesi tempestivamente in campo, sbandierando a parole un programma di rinnovamento».

Sempre nella citata informativa Dia del 4 marzo 1994 si coglievano certe «assonanze» fra la situazione verificatasi nel 1993 e altre degli anni passati: «Sembra riproporsi un cliché ben noto al Gran Maestro, già pianificato e posto in essere negli anni Settanta, quando, mediante i suoi contatti massonici – che gli consentivano di poter essere presente all'interno dei servizi segreti, dell'Arma dei Carabinieri e dei principali organismi pubblici, nonché in ambienti del sistema criminale, supportato da personaggi come l'avvocato Filippo De Iorio, i fratelli Alfredo e Fabio De Felice, Paolo Signorelli, Stefano Delle Chiaie e tanti altri, massoni e non, gravitanti di massima nell'area della destra eversiva – aveva ordito un organico piano di assalto alle istituzioni democratiche, finalizzato comunque, al di là dell'apparente risultato politico, all'accrescimento del suo già notevole potere personale». E venivano pertanto richiamate, fra l'altro, le dichiarazioni degli estremisti di destra Paolo Aleandri e Sergio Calore, rese negli anni Ottanta innanzi a varie autorità giudiziarie e alla Commissione parlamentare sulla Loggia massonica P2, relative ai progetti di golpe nei quali Gelli aveva già tentato di realizzare trasformazioni istituzionali nel Paese, in senso spiccatamente conservatore, anche avvalendosi della convergenza di interessi con altri ambienti, come quello della destra estrema, al fine ultimo di accrescere il proprio potere di ricatto e di controllo nei confronti di ambienti politico-economici coinvolti nel tentativo eversivo ovvero intimoriti da esso.

Sono stati inoltre acquisiti atti che confermano l'esistenza di rapporti, risalenti nel tempo, fra Licio Gelli e vari ambienti della criminalità organizzata.

Con riferimento a Cosa Nostra, un collaboratore «storico» come Francesco Marino Mannoia ha riferito di aver saputo da Stefano Bontate e da altri uomini d'onore della sua famiglia che uomini di spicco dello schieramento corleonese (in particolare Pippo Calò, Salvatore Riina e Francesco Madonia) si avvalevano di Licio Gelli per i loro investimenti a Roma. Secondo Mannoia, Gelli era il «banchiere» di questo gruppo, così come Michele Sindona lo era stato per quello di Stefano Bontate e di Salvatore Inzerillo.

L'esistenza di un rapporto fra Gelli e i corleonesi è stata sostanzialmente confermata dalla ben più ampia ricostruzione fornita da Gioacchino Pennino, il quale ha riferito dei pregressi rapporti tra Gelli e Bontate e della frattura che si determinò nel 1979, quando Gelli non appoggiò il progetto di golpe separatista caldeggiato da Bontate, per l'organizzazione del quale Michele Sindona fece il noto viaggio in Sicilia in occasione della simulazione del suo rapimento.

Secondo Pennino, Gelli ebbe invece un ruolo nella riorganizzazione del progetto di ristrutturazione dei rapporti fra mafia e massoneria organizzato dai corleonesi (in particolare da Bernardo Provenzano), con la costituzione del Terzo Oriente, e cioè un'organizzazione massonica ancora più «coperta» nata per «riciclare» l'esperienza della P2 dopo la scoperta degli elenchi a Castiglion Fibocchi e dopo la morte di Bontate, fatti che – come è noto – si collocano a poco più di un mese di distanza tra loro.

Sono inoltre accertati rapporti (telefonate, incontri a Roma e ad Arezzo, appuntamenti annotati nell'agenda di Gelli e utenze telefoniche registrate nella sua rubrica personale) di Licio Gelli con Luigi Capuano, gioielliere romano strettamente legato fin dagli anni Settanta alla criminalità organizzata napoletana (Michele Zaza), romana (Banda della Magliana) e a esponenti di spicco di Cosa Nostra, in particolare ad Alfredo Bono, uomo d'onore della famiglia di San Giuseppe Jato e grosso trafficante di stupefacenti. Peraltro, dalle indagini della Dia risultano anche compresenze alberghiere di Licio Gelli e Alfredo Bono presso l'hotel Ambasciatori (residenza abituale romana di Licio Gelli) nell'estate del 1991.

Conferme, ancora, dei rapporti di Licio Gelli con la criminalità organizzata legata a Cosa Nostra, e in particolare a Pippo Calò, sono emerse anche dalle dichiarazioni di alcuni collaboratori provenienti dalla Banda della Magliana (il riferimento è, in particolare, alle dichiarazioni di Antonio Mancini).

Non meno cospicua è la mole degli elementi relativi ai rapporti di Gelli con la criminalità organizzata calabrese, in particolare contenuti nelle dichiarazioni rese dal teste Bruno Villone al pm di Catanzaro nell'ambito di un'indagine sulle logge massoniche locali, dalle quali sono emersi altresì elementi di prova circa i rapporti fra Licio Gelli e Stefano Delle Chiaie. Il Villone, vigile urbano presso il comune di Vibo Valentia, ha infatti riferito di avere personalmente notato, dall'agosto del 1989 in poi, il Gelli recarsi di frequente a Vibo Valentia, assieme al Delle Chiaie (e il Gelli, in particolare, frequentare fino al 1993 la sede di una loggia massonica locale). In effetti, le indagini successivamente espletate hanno confermato la frequentazione da parte di Delle Chiaie di un'emittente televisiva locale con sede a Vibo Valentia.

Va poi segnalato che, dei rapporti di Licio Gelli con la criminalità organizzata calabrese, in particolare con il piduista Carmelo Cortese, ha riferito il teste Massimo Pizza. Di tali rapporti vi è riscontro nelle annotazioni dei numeri telefonici del Cortese rinvenuti nelle agende sequestrate a Licio Gelli.

I rapporti di Antonino Gioè, esecutore della strage di Capaci, con i servizi segreti

Uno degli esecutori della strage di Capaci è Antonino Gioè.

Dalle indagini, risulta che dal telefono clonato in uso al Gioè furono effettuate il 23 maggio, poco prima della strage, avvenuta alle ore 17.57, due chiamate all'utenza telefonica 0016-127774690, sita in Minnesota, negli Stati Uniti.

La prima telefonata alle ore 15.38, per un totale di 23 scatti, la seconda alle ore 15.43, per un totale di 522 scatti. Chi era il ricevente di tali importanti chiamate?

Come si spiega che i Carabinieri di Altofonte, con nota dell'8 agosto 1967, abbiano attestato che il Gioè, sebbene figlio di un noto pregiudicato mafioso più volte tratto in arresto, era ritenuto «giovane [che] offre fiducia per la sicurezza, considerato idoneo a disimpegnare particolari incarichi di natura riservata»? Quali incarichi di natura riservata furono affidati al Gioè? Furono incarichi analoghi a quelli affidati a Paolo Bellini, con il quale il Gioè interloquì ripetutamente nel 1992?

Chi erano gli uomini dei servizi segreti che Francesco Di Carlo, boss di Altofonte detenuto in Inghilterra, poi divenuto collaboratore di giustizia, mise in contatto con Antonino Gioè, dopo che costoro gli avevano chiesto di entrare in contatto con i vertici di Cosa Nostra per un piano diretto a eliminare Falcone? Il Di Carlo ha identificato tra costoro Arnaldo La Barbera, di cui è stato accertato il rapporto parallelo con i servizi segreti, con il nome in codice Rutilius.

Esiste una connessione tra questa richiesta di La Barbera e il suo successivo ruolo nel depistaggio nelle indagini sulla strage di via D'Amelio?

Perché l'Autorità giudiziaria inglese non ha fornito la propria collaborazione in sede di rogatoria internazionale per fare piena luce su tale episodio?

Si chiede che la Commissione acquisisca: copia dei tabulati telefonici dei telefoni clonati in uso ad Antonio Gioè e copia di tutti gli atti di indagine effettuati al riguardo; copia della nota dei Carabinieri di Altofonte dell'8 agosto 1967.

I rapporti di Antonino Gioè con Paolo Bellini, esecutore della strage di Bologna del 2 agosto 1980 e uomo dei servizi segreti

Tali circostanze assumono un rilievo estremamente potenziato alla luce delle ultime risultanze probatorie acquisite nei processi celebrati dalla Corte d'assise di Bologna a carico di Gilberto Cavallini e di Paolo Bellini, entrambi condannati in primo grado all'ergastolo in quanto ritenuti esecutori della strage di Bologna del 2 agosto 1980, unitamente a Valerio Fioravanti, Francesca Mambro e Luigi Ciavardini.

Nella sentenza a carico di Cavallini, depositata il 7 gennaio 2021, la Corte d'assise di Bologna ha dedicato circa cento pagine della motivazione alla rivisitazione probatoria dell'omicidio di Piersanti Mattarella, presidente della Regione siciliana, ritenendo tale ricostruzione un passaggio obbligato per la motivazione della condanna di Cavallini per la strage di Bologna. La Corte, alla luce delle nuove risultanze probatorie acquisite, ha ritenuto fondate le conclusioni alle quali era pervenuto Giovanni Falcone, il quale aveva individuato come esecutori di quel delitto Valerio Fioravanti e Gilberto Cavallini, traendoli a giudizio.

Si riporta qui di seguito la conclusione dell'ampio capitolo dedicato dalla Corte d'assise di Bologna alla ricostruzione dell'omicidio di Piersanti Mattarella:

> Questa Corte ha acquisito il verbale di audizione di Giovanni Falcone, dal resoconto stenografico della seduta del 3 novembre 1988 della Commissione parlamentare antimafia.
>
> Disse Falcone in quell'occasione: «Il problema di maggiore complessità per quanto riguarda l'omicidio Mattarella deriva dall'esistenza di indizi a carico anche di esponenti della destra eversiva quali Valerio Fioravanti. Posso dirlo con estrema chiarezza perché risulta anche da dichiarazioni dibattimentali da parte di Cristiano Fioravanti, che ha accusato il fratello di avergli detto di essere stato lui stesso, insieme con Gilberto Cavallini, l'esecutore materiale dell'omicidio di Piersanti Mattarella. È quindi un'indagine estremamente complessa perché si tratta di capire se e in quale misura "la pista nera" sia alternativa rispetto a quella mafiosa, oppure si compenetri con quella mafiosa. Il che potrebbe significare saldature e soprattutto la necessità di rifare la storia di certe vicende del nostro Paese, anche da tempi assai lontani.
>
> «Ci sono stati grossi problemi di prudenza in relazione a procedimenti in corso presso altre giurisdizioni, quale ad esempio il processo per la strage di Bologna, in cui per parecchi punti la materia è coincidente. Ci sono collegamenti e coincidenze anche con il processo per la strage del treno Napoli-Firenze-Bologna che è attualmente al dibattimento, collegamenti che risalgono a certi passaggi del "golpe Borghese", di cui possiamo parlare perché se ne è già parlato nel dibattimento, in cui sicuramente era coinvolta la mafia siciliana. Ciò risulta dalle dichiarazioni convergenti, anche

> se inconsapevoli, di Tommaso Buscetta, di Luciano Liggio, di Antonino Calderone. Ci sono inoltre collegamenti con la presenza di Michele Sindona, sono tutti fatti noti. Questi elementi comportano, per l'omicidio Mattarella, se non si vorrà gestire burocraticamente questo processo, la necessità di una indagine molto approfondita, che peraltro stiamo svolgendo e che prevediamo non si possa esaurire in tempi brevi.»
> Quella sull'omicidio Mattarella fu l'ultima indagine di rilievo condotta da Giovanni Falcone. Poco dopo fu delegittimato. Poi venne ucciso.

La rilevanza delle conclusioni di tale sentenza appare estremamente peculiare ove si considerino le confidenze del dottor Giovanni Falcone al professor Pino Arlacchi e l'ingresso abusivo di ignoti nella stanza del dottor Falcone al ministero della Giustizia, per esaminare i file concernenti tale tema.

La Corte d'assise di Bologna, con la successiva sentenza depositata il 5 aprile 2023 nel processo a carico di Paolo Bellini, ha ritenuto accertato: 1) che la strage di Bologna venne eseguita su mandato di Licio Gelli e fu organizzata da Federico Umberto D'Amato, Capo dell'Ufficio Affari Riservati del ministero dell'Interno e referente della Cia in Italia; 2) che Paolo Bellini fu uno degli esecutori materiali della strage; 3) che il medesimo faceva parte di Avanguardia Nazionale, il cui leader era Stefano Delle Chiaie, il quale aveva partecipato ad altre operazioni segrete con Federico Umberto D' Amato; 4) che il Bellini era un agente esterno dei servizi segreti, addestrato negli Stati Uniti alla guida degli elicotteri, utilizzato per operazioni da compiersi all'estero (Libia), coperto da anni con una falsa identità con la complicità di Ugo Sisti, già procuratore della Repubblica di Bologna e poi capo del Dap (Dipartimento amministrazione penitenziaria), anch'egli collegato con i servizi e con esponenti della destra eversiva, tra cui il padre del Bellini; 5) che il Bellini accompagnava in elicottero il Sisti a incontri con un ministro e si era relazionato con Stefano Menicacci, avvocato e socio di Stefano Delle Chiaie; 6) che il Bellini godeva di protezioni di livello così elevato tali da consentirgli di evitare che venisse scoperta la sua reale identità, celata sotto l'identità fittizia del cittadino brasiliano Roberto Da Silva.

Ciò premesso, alla luce di quanto sopra e del particolare interesse manifestato da Falcone per le connessioni tra il delitto Mattarella e la strage di Bologna, si chiede che la Commissione parlamentare antimafia svolga approfondimenti sul ruolo avuto dal Bellini nella strage di Capaci e nelle stragi del 1993, tenuto conto che risulta accertato: 1) che il Bellini si recò ripetutamente in Sicilia nel corso del 1991 e 1992, in periodi analoghi a quelli in cui si recò in Sicilia Stefano Delle Chiaie, leader di Avanguardia Nazionale già in collegamento con Federico Umberto D'Amato, organizzatore della strage di Bologna; 2) che il Bellini dialogò ripetutamente in quei mesi con Antonino Gioè, esecutore della strage di Capaci, a sua volta uomo cerniera tra la mafia e i servizi segreti, al quale, come ha dichiarato Giovanni Brusca, suggerì di alzare il livello dello scontro con lo Stato effettuando attentati contro i beni artistici nazionali, idea questa maturata già nel 1974 all'interno di Ordine Nuovo, formazione della destra eversiva i cui esponenti sono stati riconosciuti colpevoli delle stragi di Milano del 1969 (piazza Fontana) e di Brescia del 1974 (piazza della Loggia) e che, come è stato accertato, hanno goduto di protezioni statali ad altissimo livello; 3) che Antonino Gioè, morto suicida in carcere in circostanze misteriose – poco prima che iniziasse a collaborare con la magistratura, secondo quanto dichiarato dai collaboratori di giustizia Gioacchino La Barbera e Santo Di Matteo – fece espresso riferimento al Bellini come «infiltrato» nella missiva redatta prima di morire. [...]

Stefano Delle Chiaie, a sua volta – prima ancora che emergessero recentemente nuove risultanze probatorie a suo carico – era stato già indagato per i seguenti reati a Palermo, unitamente a: Licio Gelli, Stefano Menicacci, Salvatore Riina, Giuseppe Graviano, Benedetto Santapaola, Paolo Romeo, Giuseppe Mandalari, Giovanni Di Stefano e altri:

> a) reato di cui all'art. 270 bis, commi 1 e 2 codice penale, in particolare, per avere, con condotte causali diverse ma convergenti verso l'identico fine, promosso, costituito, organizzato, diretto e/o partecipato a un'associazione, promossa e costituita in Palermo anche da esponenti di vertice di Cosa Nostra, e avente a oggetto il compimento di atti di violenza con fini di eversione dell'ordine costituzionale, allo scopo – tra l'altro – di determinare, mediante le predette attività, le condizioni per la secessione politica della Sicilia e di altre regioni meridionali dal resto d'Italia, anche al fine di agevolare l'attività dell'associazione mafiosa Cosa Nostra e di altre associazioni di tipo mafioso a essa collegate sui territori delle regioni meridionali del Paese.

Fatti commessi in Palermo (luogo di costituzione e centro operativo della associazione per delinquere denominata Cosa Nostra) e altre località, in epoca anteriore e prossima al 1991 e successivamente. Con l'aggravante di cui all'art. 7 D.L. n. 152/1991 dal maggio 1991.

b) in ordine al reato di cui agli artt. 110 e 416 bis commi 1, 4, e 6 codice penale, per avere contribuito al rafforzamento dell'associazione di tipo mafioso denominata Cosa Nostra, nonché al perseguimento degli scopi della stessa, in particolare partecipando alla progettazione ed esecuzione di un programma di eversione dell'ordine costituzionale da attuare anche mediante il compimento di atti di violenza, allo scopo – tra l'altro – di determinare, mediante le predette attività, le condizioni per la secessione politica della Sicilia e di altre regioni meridionali dal resto d'Italia, così perseguendo il fine di determinare il rafforzamento e il definitivo consolidamento del potere criminale di Cosa Nostra e di altre associazioni di tipo mafioso a essa collegate sui territori delle regioni meridionali del Paese.

Nel 2022, la Procura della Repubblica di Caltanissetta ha attivato una nuova indagine sulla presenza di Stefano Delle Chiaie in Sicilia nel 1992 unitamente a Domenico Romeo, palermitano e cofondatore insieme a Domenico Menicacci, socio di Delle Chiaie, di numerosi movimenti leghisti meridionali, nonché sui suoi rapporti con esponenti mafiosi.

Nell'ambito di tale procedimento penale, Stefano Menicacci è stato incriminato per avere indotto Domenico Romeo a mentire alla magistratura sui viaggi in Sicilia di Delle Chiaie nel 1992. A sua volta, Domenico Romeo è stato incriminato per avere dichiarato falsamente di non avere mai incontrato Licio Gelli [...].

Nel medesimo procedimento penale, la Procura di Caltanissetta ha riscontrato vistose anomalie nella gestione delle indagini del 1992 sulla presenza di Delle Chiaie in Sicilia. Anomalie consistenti nella contemporanea sparizione in più uffici di documenti, anche fotografici, che riguardavano Delle Chiaie, nonché nel mancato svolgimento di alcuna indagine da parte del dottor Giovanni Tinebra, procuratore della Repubblica di Caltanissetta, dopo che aveva assegnato a sé stesso il fascicolo, sottraendolo ai sostituti procuratori della Repubblica delegati alle indagini sulla strage di Capaci. [...]

Della diretta interlocuzione instaurata da Bellini con gli stragisti, il generale Mario Mori fu informato in tempo reale dal maresciallo dei Carabinieri Roberto Tempesta, che gli consegnò un manoscritto che il Bellini aveva ricevuto dai mafiosi. Inspiegabilmente Mori di tale vicenda non solo non informò nessuno, non solo distrusse il manoscritto, ma ordinò a Tempesta di non redigere alcuna relazione scritta. [...]

Si chiede che la Commissione: 1) approfondisca le motivazioni di tali anomali comportamenti, soprattutto tenuto conto che la Corte d'assise di Bologna nel dispositivo finale della sentenza di condanna all'ergastolo di Gilberto Cavallini ha denunciato il medesimo generale Mori per il reato di testimonianza falsa e reticente, ritenendo false e reticenti le dichiarazioni rese dal medesimo in quel processo; 2) acquisisca copia delle sentenze della Corte d'assise di Bologna citate e presso la Procura generale di Bologna copia di tutta la documentazione processuale (peraltro già informatizzata) concernente il processo a carico di Paolo Bellini; 3) acquisisca copia della sentenza depositata il 5 agosto 2022 dalla Sezione seconda della Corte d'assise di appello di Palermo nel processo nei confronti di Bagarella Leoluca Biagio più altri; 4) acquisisca presso la Procura della Repubblica di Roma copia di tutto il procedimento penale (anche questo già informatizzato) concernente le indagini sul suicidio di Antonino Gioè; 5) acquisisca presso la Procura generale di Palermo le dichiarazioni rese dal collaboratore di giustizia Pietro Riggio al dibattimento di appello del processo nei confronti di Bagarella Leoluca Biagio più altri, circa quanto da lui appreso in ordine alla simulazione del suicidio del Gioè.

PARTE SECONDA

Nell'incipit della presente memoria si è rilevato come la scelta della S.V. di limitare i lavori della Commissione alla sola ricostruzione storica della strage di via D'Amelio appaia incomprensibile e ingiustificata sia nel merito che nel metodo. Le ragioni di merito sono state esposte nella parte che precede. Quanto all'incongruenza del metodo di lavoro prescelto, appare evidente che il filo conduttore che inanella le plurime e concordanti risultanze sulla compartecipazione di soggetti esterni a tutto il disegno stragista dall'inizio (strage di Capaci) sino al fallito attentato allo Stadio olimpico, può essere individuato e ricostruito solo se si ricostruisce il quadro globale della sequenza stragista di quegli anni. Di contro, la disarticolazione del quadro probatorio prospettato dalla Presidenza della Commissione, con l'intenzione di limitare i lavori alla sola strage di via D'Amelio, scioglie pregiudizialmente e artificiosamente i nessi che collegano quella strage a Capaci e alle altre successive, pregiudicando così il buon esito dei lavori della Commissione e tradendone inoltre la *mission* istituzionale.

A differenza delle Corti d'assise, la cui competenza è per legge rigorosamente circoscritta alla ricostruzione di un singolo evento criminoso al limitato scopo di accertare la responsabilità penale degli imputati di quell'evento, la Commissione non ha infatti tali limiti di competenza e, quindi, ha la possibilità, preclusa invece alle Corti d'assise, di operare ricostruzioni storiche di più ampio respiro, portando alla luce i nessi comuni e unificanti che collegano tra loro eventi stragisti e omicidiari di competenza di autorità giudiziarie differenti.

Molteplici e rilevanti risultanze processuali – molte delle quali acquisite successivamente al 20 aprile 2017, data dell'ultima sentenza della Corte d'assise di Caltanissetta sulla strage di via D'Amelio – attestano infatti che i soggetti coinvolti con ruoli di depistaggio e di partecipazione occulta alla strage di via D'Amelio appartengono ai medesimi apparati e ai medesimi ambienti criminali operativi nella strage di Capaci del 23 maggio 1992 e in quelle del 1993.

Si consideri, per anticipare solo alcuni degli esempi, i ruoli svolti: 1) da Paolo Bellini, esponente di Avanguardia Nazionale, uomo collegato ai servizi segreti, condannato in primo grado come esecutore della strage di Bologna del 2 agosto 1980, presente in Sicilia nel periodo della strage di Capaci, di via D'Amelio e suggeritore degli obiettivi da colpire con le stragi del 1993; 2) da Arnaldo La Barbera, ritenuto responsabile del depistaggio Scarantino e indicato dal collaboratore Francesco Di Carlo come uno degli esponenti dei servizi segreti che avevano chiesto in precedenza di entrare in contatto con i vertici di Cosa Nostra per neutralizzare il dottor Giovanni Falcone; 3) dai componenti della Falange Armata, che rivendicarono non solo la strage di via D'Amelio ma anche la strage di Capaci e quelle del 1993; 4) dagli uomini dei servizi segreti che prima e dopo la strage di Capaci proposero al capomafia Vincenzo Milazzo di unirsi alla strategia stragista, assassinandolo a causa del suo rifiuto il 14 luglio 1992 cinque giorni prima che altri esponenti dei servizi segreti (a tutt'oggi non identificati) il successivo 19 luglio intervenissero sulla scena della strage di via D'Amelio per impossessarsi abusivamente dell'agenda rossa di Paolo Borsellino, per sottrarla alle indagini della magistratura.

Si consideri ancora che – come risulta dalle indagini svolte – il dottor Paolo Borsellino si apprestava a formalizzare dinanzi alla Procura della Repubblica di Caltanissetta quanto da lui appurato in ordine alle causali e agli autori della strage di Capaci a seguito delle confidenze ricevute da Giovanni Falcone e delle rivelazioni a lui anticipate, ma non ancora verbalizzate, da parte di alcuni collaboratori e altre fonti a tutt'oggi non individuate. Circostanza questa che ancor di più evidenzia l'inscindibile connessione della strage di via D'Amelio non solo con quella di Capaci, ma anche con quelle del 1993, atteso anche il perfetto sincronismo operativo tra l'azione omicidiaria ai danni del dottor Borsellino, eseguita da appartenenti a Cosa Nostra, e il repentino intervento sul luogo della strage di individui appartenenti ad apparati istituzionali per sottrarre l'agenda rossa nella quale il dottor Borsellino aveva annotato quanto aveva intenzione di riferire alla Procura di Caltanissetta, appare inequivocabilmente finalizzato a occultare indizi suscettibili di coinvolgere personaggi esterni a Cosa Nostra implicati nella strage di Capaci e suggeritori delle stragi successive, eseguite nel 1993.

E ancora, il nesso tra la strage di Capaci e quella di via D'Amelio emerge dal fatto che ignoti appartenenti al circuito istituzionale, dopo avere effettuato la cancellazione di file delle agende elettroniche di Giovanni Falcone, fecero sparire anche i tabulati telefonici delle telefonate in entrata sull'utenza mobile di Paolo Borsellino. [...] Invero, il non avere a disposizione le chiamate in entrata sul telefono del dottor Borsellino ha indubbiamente sottratto importanti piste investigative che se percorse subitaneamente avrebbero consentito di ricostruire più agevolmente gli ultimi giorni di vita del dottor Borsellino senza dover ricorrere, a distanza di molti anni, ad assunzioni testimoniali che per loro natura – a prescindere dalla buona o malafede del dichiarante – si prestano a maggiori imprecisioni.

Risulta altresì che il dottor Paolo Borsellino, per ricostruire le causali e individuare gli autori della strage di Capaci, si avvalse delle confidenze e delle informazioni ricevute in precedenza dal dottor Falcone e di quanto aveva annotato nel suo diario, come ebbe a dichiarare pubblicamente in occasione del suo intervento del 25 giugno 1992 alla Biblioteca comunale di Palermo.

Si riporta qui di seguito il brano di interesse del suo intervento:

> In questo momento, oltre che magistrato, io sono testimone. Sono testimone perché, avendo vissuto a lungo la mia esperienza di lavoro accanto a Giovanni Falcone, avendo raccolto, non voglio dire più di ogni altro, perché non voglio imbarcarmi in questa gara che purtroppo vedo fare in questi giorni per ristabilire chi era più amico di Giovanni Falcone, ma avendo raccolto comunque più o meno di altri, come amico di Giovanni Falcone, tante sue confidenze, prima di parlare in pubblico anche delle opinioni, anche delle convinzioni che io mi sono fatte raccogliendo tali confidenze, questi elementi che io porto dentro di me, debbo per prima cosa assemblarli e riferirli all'autorità giudiziaria, che è l'unica in grado di valutare quanto queste cose che io so possono essere utili alla ricostruzione dell'evento che ha posto fine alla vita di Giovanni Falcone e che, soprattutto, nell'immediatezza di questa tragedia, ha fatto pensare a me, e non soltanto a me, che era finita una parte della mia e della nostra vita.
>
> Io questa sera debbo astenermi rigidamente – e mi dispiace se deluderò qualcuno di voi – dal riferire circostanze che probabilmente molti di voi si aspettano che io riferisca, a

cominciare da quelle che in questi giorni sono arrivate sui giornali e che riguardano i cosiddetti diari di Giovanni Falcone. Per prima cosa ne parlerò all'autorità giudiziaria, poi – se è il caso – ne parlerò in pubblico. Posso dire soltanto, e qui mi fermo, per evitare che si possano anche su questo punto innestare speculazioni fuorvianti, che questi appunti che sono stati pubblicati dalla stampa, sul «Sole 24 Ore» dalla giornalista – in questo momento non mi ricordo come si chiama... – Milella (Liana Milella), li avevo letti in vita di Giovanni Falcone. Sono proprio appunti di Giovanni, perché non vorrei che su questo un giorno potessero essere avanzati dei dubbi.

Le confidenze ricevute dal dottor Paolo Borsellino da Giovanni Falcone e da Gaspare Mutolo sui rapporti tra vertici dei servizi segreti e mafia

Tra le confidenze ricevute dal dottor Falcone, particolare rilievo assumono quelle riguardanti il dottor Bruno Contrada, numero tre del Sisde, e la sua collusione con le organizzazioni mafiose. Al riguardo, il maresciallo dei Carabinieri Carmelo Canale, uomo di fiducia di Borsellino, ha dichiarato alla Procura della Repubblica di Caltanissetta in data 26 novembre 1992 di avere assistito a un incontro nel corso del quale il dottor Falcone aveva anticipato a Borsellino che se fosse stato nominato procuratore nazionale antimafia avrebbe svolto indagini per pervenire all'arresto di Bruno Contrada e che era sicuro che dell'attentato all'Addaura era responsabile il dottor Bruno Contrada.

Si riporta qui di seguito lo stralcio del verbale nelle parti di interesse:

> Come sanno le SS.VV., il giudice Borsellino aveva fatto domanda per la nomina a procuratore aggiunto presso la Procura di Palermo, liberatosi a seguito della nomina del dottor Falcone a direttore generale presso il ministero di Grazia e Giustizia. Il dottor Borsellino era convinto che Giovanni Falcone si era dovuto allontanare da Palermo perché gli impedivano di lavorare seriamente sulle indagini di mafia. Ad onta del fatto che ufficialmente quest'ultimo sembrava l'unico detentore delle indagini di mafia in corso a Palermo, in realtà in alcuni casi neanche sapeva su quali tracce investigative gli altri sostituti del pool antimafia stessero lavorando. Comunque, in quel periodo il procuratore si sentiva spesso telefonicamente con l'amico Falcone, il quale gli confidava i suoi disagi e le sue amarezze per quanto accadeva alla Procura di Palermo. Dopo l'andata di Falcone al ministero di Grazia e Giustizia, il procuratore fece la domanda per Aggiunto a Palermo ma anche stavolta non fu facile perché alcuni ambienti giudiziari siciliani non gradivano tale nomina, tanto è vero che fecero presente un altro candidato più anziano.
>
> Il giudice Borsellino mi disse infatti di aver appreso da Falcone della possibilità del pentimento di Mutolo e mi raccomandò di tenere la cosa per me in quanto si trattava di un grosso personaggio vicino a Totò Riina, per avergli fatto per anni da autista. Sempre Borsellino mi disse che il giudice Falcone voleva che a gestire il pentito fosse il procuratore Borsellino e non altri magistrati.
>
> Il dottor Borsellino prendeva in considerazione tutte le ipotesi che potevano in qualche modo spiegare l'omicidio del

dottor Falcone e, tra queste, anche quella che Cosa Nostra avesse inteso fargli pagare il buon esito del cosiddetto Maxiprocesso e in particolare della decisione della Cassazione che aveva dato avallo giuridico al cosiddetto Teorema Buscetta. Né escludeva il dottor Borsellino che Cosa Nostra avesse deciso di colpire Falcone, temendone l'azione qualora fosse riuscito a diventare procuratore nazionale antimafia, cosa che negli ultimi tempi si andava delineando. Tra le piste che venivano prese in considerazione dal dottor Borsellino vi era anche la seguente, che cercherò di illuminare riferendo un episodio del quale sono stato testimone oculare. Falcone e Borsellino si tenevano spesso in contatto, quantomeno telefonico; comunque, quando ne avevano la possibilità si incontravano anche di persona. Una volta accompagnai il dottor Borsellino al ministero, ove doveva incontrare l'amico Falcone; Borsellino entrò nello studio di Falcone e io mi trattenni nell'anticamera scambiando qualche parola con la segretaria. A un certo punto mi fu detto di entrare; forse il dottor Borsellino voleva prendere qualcosa dalla borsa che aveva lasciato nelle mie mani. Entrato nello studio, i due che stavano parlando continuarono a farlo senza alcun imbarazzo per la mia presenza e sentii così distintamente il dottor Falcone dire all'amico che era sicuro che dell'attentato all'Addaura era responsabile il dottor Bruno Contrada e subito dopo aggiungere che se ce l'avesse fatta a diventare procuratore nazionale gli avrebbe messo i ferri. Successivamente chiesi al dottor Borsellino chi era quel Bruno Contrada e il dottor Borsellino mi disse soltanto che era uno dei servizi segreti, che lavorava all'Alto commissariato e che, in passato, aveva pure prestato servizio alla Questura di Palermo; il dottor Borsellino lasciò subito dopo cadere l'argomento né io gli chiesi altro. Di questo episodio tornammo a parlare con il procuratore dopo la morte del dottor Falcone; il dottor Borsellino

> si rendeva ben conto, e me lo fece presente, della delicatezza e della pericolosità di questa ipotesi, tanto è vero che mi ordinò di non riferire a chicchessia le parole di Falcone; anzi, precisò che neanche il dottor Ingroia, di cui pure si fidava tantissimo, doveva essere messo al corrente della confidenza. Dopo la morte di Paolo Borsellino ho deciso che non potevo più tenere per me tale segreto e ne ho parlato con il dottor Ingroia e con alcuni ufficiali dell'Arma dei Carabinieri, che ho menzionato prima. Faccio presente che il dottor Borsellino, dopo la morte di Falcone, aveva collegato la confidenza ricevuta sull'Addaura alla possibilità che i due fatti erano stati commessi, dopo la decisione della Cupola, dalle stesse famiglie mafiose, essendo il territorio dell'Addaura sotto il mandamento di S. Maria del Gesù. Ricordo che fece il collegamento con le stesse persone che emergevano nei due rapporti di cui prima ho parlato; questo ovviamente per l'apporto di manovalanza e per il supporto logistico necessario per i due attentati dell'Addaura e di Capaci.

La circostanza riferita dal maresciallo Canale assume un rilievo significativo anche avuto riguardo a un episodio che Borsellino visse come un messaggio intimidatorio nei suoi confronti, riguardante proprio il dottor Contrada, tanto da confidare la propria preoccupazione ad alcuni colleghi.

Il collaboratore di giustizia Gaspare Mutolo ha dichiarato di avere incontrato in carcere nel dicembre del 1991 il dottor Falcone anticipandogli la sua intenzione di collaborare, alla presenza di un altro magistrato in servizio al ministero della Giustizia. In tale occasione aveva pure confidato al dottor Falcone che avrebbe rivelato la collusione del dottor Contrada con la mafia. Il medesimo Mutolo ha dichiarato di avere rivelato tale notizia anche al dottor Borsellino nel corso del suo primo interrogatorio, in data 1° luglio 1992, riservandosi di formalizzare tale dichiarazione a verbale nel prosieguo.

Quel giorno, avviata la verbalizzazione, Borsellino aveva ricevuto una telefonata, alla conclusione della quale gli aveva detto che egli si sarebbe dovuto allontanare e che pertanto l'interrogatorio doveva essere sospeso. Usciti tutti dalla stanza, Mutolo era rimasto solo con Borsellino, che gli aveva detto con soddisfazione che doveva andare a parlare con «il ministro», senza null'altro precisare.

Trascorsa circa un'ora e mezzo, Borsellino era rientrato ed era turbato perché, come gli aveva spiegato, non aveva incontrato il ministro. A sorpresa, il capo della Polizia Vincenzo Parisi gli aveva fatto incontrare Contrada, il quale gli aveva detto di essere a conoscenza dell'avvio della collaborazione di Mutolo e si era messo a disposizione per ogni attività. Borsellino aveva quindi insistito perché Mutolo verbalizzasse subito le dichiarazioni su Contrada, ripetendo tale invito nel corso degli altri due interrogatori del 16 e del 17 luglio 1992, gli ultimi prima della strage di via D'Amelio. La circostanza dell'incontro inatteso con Contrada nell'ufficio del capo della Polizia e il turbamento provocato da tale episodio in Borsellino sono stati confermati da due magistrati: il dottor Pietro Maria Vaccara [...] e il dottor Gioacchino Natoli [...].

Tenuto conto che l'episodio alla luce delle dichiarazioni concordanti sopra citate appare indiscutibilmente provato, appaiono inquietanti e meritevoli di approfondimenti da parte della Commissione i motivi che indussero sia Contrada che Parisi a negare di avere mai incontrato insieme Borsellino in quella circostanza.

Si tenga conto che la strage di via D'Amelio sortì un tale effetto intimidatorio nei confronti del Mutolo, da indurlo a tacere su quanto aveva confidato a Paolo Borsellino su Contrada nei successivi interrogatori [...]. Soltanto in data 23 ottobre 1992, Mutolo si decise a parlare del dottor Contrada.

Si riporta qui l'incipit del verbale attestante lo stato di timore del Mutolo:

> Il Mutolo dichiara: ieri ho chiesto alle SS.LL. di interrompere le dichiarazioni che stavo rendendo per potere adeguatamente riflettere su una scelta che ho sempre saputo essere estremamente difficile, e anche perché ritenevo opportuna la presenza del mio difensore di fiducia, che aveva dovuto allontanarsi per altri impegni di lavoro. Le SS.LL. mi hanno più di una volta chiesto di riferire, con assoluta completezza, tutto quanto fosse a mia conoscenza su eventuali rapporti tra Cosa Nostra e rappresentanti delle istituzioni. Ho meditato a lungo su questo problema, poiché la soluzione di esso comporta la necessità che io parli di fatti che potrebbero rimanere, malgrado ogni impegno investigativo, privi di adeguati riscontri. Ciò potrebbe creare difficoltà e critiche, e nuocere a un'azione giudiziaria che complessivamente si sta svolgendo contro Cosa Nostra sulla base di fatti oggettivamente riscontrabili e riscontrati. Tuttavia, dopo una lunga e difficile riflessione, ho acquisito la definitiva certezza che

> questo è il momento di sciogliere ogni riserva e di manifestare completamente la mia fiducia nello Stato, la cui capacità di affrontare con determinazione, e senza riguardi per alcuno, la criminalità mafiosa è dimostrata dalle iniziative giudiziarie di questi ultimi giorni. Ritengo, quindi, ormai indispensabile rivelare quale sia stato e sia il grado di infiltrazione di Cosa Nostra nelle istituzioni, in maniera che sia possibile individuare e recidere le ramificazioni dell'organizzazione della quale ho fatto parte e tentare di distruggerla, così, definitivamente.

Il dottor Natoli, sentito come testimone nel processo penale a carico di Bagarella Leoluca più altri, ha dichiarato alle udienze del 10 e del 17 marzo 2017 che fu lui a sollecitare Mutolo a rendere quel giorno quelle dichiarazioni dopo avere appreso da alcuni magistrati della Procura di Palermo la circostanza da lui prima ignorata e ai medesimi magistrati confidata riservatamente da Paolo Borsellino, che il Mutolo aveva manifestato a Paolo Borsellino l'intenzione di rivelare quanto a sua conoscenza su Contrada.

In assenza di tale sollecitazione, derivante dalle confidenze di Paolo Borsellino, Mutolo quindi avrebbe taciuto per timore quanto sapeva sui rapporti tra servizi segreti e Cosa Nostra.

Si chiede che la Commissione acquisisca: 1) presso la Procura della Repubblica di Caltanissetta le dichiarazioni citate rese dal maresciallo Carmelo Canale, dai magistrati Pietro Maria Vaccara, dal dottor Gioacchino Natoli, dal capo della Polizia Vincenzo Parisi, dal dottor Bruno Contrada; 2) presso la Procura della Repubblica di Palermo, copia di tutti i verbali delle dichiarazioni di Mutolo dal 1° luglio al 23 ottobre 1992; 3) presso la Procura della Repubblica di Palermo, copia delle dichiarazioni rese all'udienza del 10 e del 17 marzo 2017 dal dottor Gioacchino Natoli nel dibattimento di primo grado del processo penale a carico di Bagarella Leoluca più altri.

Le confidenze di Leonardo Messina a Paolo Borsellino sulle riunioni di Enna, prima di diventare collaboratore di giustizia

Si sono sopra riportate le dichiarazioni di Leonardo Messina sulle riunioni di Enna riservate a una ristretta élite di capi regionali di Cosa Nostra, nel corso delle quali fu approvato di dare il via al piano stragista seguendo le indicazioni provenienti da ambienti criminali esterni a Cosa Nostra.

All'udienza del 4 dicembre 2013 del processo penale [...] a carico di Bagarella Leoluca più altri, il Messina ha dichiarato di avere rivelato fuori verbale a Paolo Borsellino, stante la particolare caratura del personaggio, tutti i contenuti delle riunioni di Enna, prima ancora di assumere la veste formale di collaboratore di giustizia e di verbalizzare tempo dopo quanto sapeva su tale tema.

Si riportano qui di seguito i passi salienti del verbale di udienza al riguardo:

> «Su determinati argomenti, prendiamo per esempio anche questa riunione del febbraio-marzo 1992, di cui ha parlato,

in cui si decide di uccidere Falcone, lei ne ha parlato al dottor Borsellino? Per quello che è il suo ricordo...»
«Abbiamo parlato di tutto.»
«Di tutto, e le rifaccio ancora la domanda, anche di questo argomento in particolare?»
«Anche di questo argomento.»
«Quindi lo ha riferito.»
«Poi le verbalizzazioni...»
«Sì, sì, prego, continui.»
«Anche dell'argomento della riunione, ok... Questo era quello che avevo parlato con il dottor Borsellino, perché gli interrogatori sono una fase, poi c'è una fase che è la trascrizione, che a volte passano mezz'ora, quaranta minuti, un'ora, si piglia un caffè, io non ho mai fumato e si parla di tutto.»
«Le riunioni della fine del 1991 e i progetti politici, per così dire, tra virgolette, anche di questi ne ha parlato?»
«Certo.»
«E allora, possiamo procedere con l'esame.»
«Dell'aspetto dell'interessamento massonico all'appoggio a questo progetto di Cosa Nostra, ne ha parlato pure? Per quello che è il suo ricordo. Quindi delle prime riunioni...»
«Io ho parlato delle cose... Dato il personaggio che avevo davanti, io ho parlato delle cose più forti che potevo parlare, di quello che sapevo delle riunioni, della strategia, della politica, quello che avevo di parlare ho parlato al dottore Borsellino, anche così, fuori di interrogatorio.»

Le confidenze ricevute da Paolo Borsellino sulle collusioni di pezzi di apparato dello Stato con la mafia

Nella motivazione della sentenza del 20 aprile 2017 della Corte d'assise di Caltanissetta nel processo a carico di

Madonia Salvatore più 4 per la strage di via D'Amelio sono riportate le dichiarazioni di Agnese Piraino vedova di Borsellino su quanto il marito aveva appreso sui rapporti di contiguità della mafia con pezzi di apparato dello Stato, sui timori nei confronti dei servizi segreti, una cui postazione era ubicata a Castello Utveggio, sulla collusione con la mafia del generale dei Carabinieri Antonio Subranni. Si riporta qui di seguito la motivazione nelle parti di interesse:

> Al riguardo, sono estremamente significative le dichiarazioni rese da Agnese Piraino, vedova di Paolo Borsellino, che ha riferito con grande precisione quanto confidatole dal marito nell'ultimo periodo della sua vita, quando il magistrato «era perfettamente consapevole [...] che il suo destino era segnato», tanto da dirle «in più circostanze, che il suo tempo stava per scadere», e da confessarsi e fare la comunione pochi giorni prima di essere ucciso.

Nel successivo verbale di sommarie informazioni del 27 gennaio 2010, Agnese Piraino Borsellino ha ricostruito una serie di vicende di speciale rilevanza, verificatesi anch'esse nell'ultimo periodo di vita del marito. Il contenuto del verbale è di seguito trascritto.

> Ricordo, invece, che mio marito mi disse testualmente che «c'era un colloquio tra la mafia e parti infedeli dello Stato». Ciò mi disse intorno alla metà di giugno del 1992.
>
> In quello stesso periodo, mi disse che aveva visto «la mafia in diretta», parlandomi anche in quel caso di contiguità tra la mafia e pezzi di apparati dello Stato italiano. In quello

> stesso periodo, chiudeva sempre le serrande della stanza da letto di questa casa, temendo di essere visto da Castello Utveggio. Mi diceva: «Ci possono vedere a casa».
>
> Paolo mi disse dell'incontro con Mori a Roma presso il Ros. In quella occasione so che dopo doveva andare insieme ai carabinieri che incontrò a battezzare il bambino di un giovane magistrato da lui conosciuto. Devo specificare a questo punto che mio marito non mi diceva tutto perché non voleva mettermi in pericolo. Confermo che mi disse che il generale Antonio Subranni era «punciuto». Mi ricordo che quando me lo disse era sbalordito, ma aggiungo che me lo disse con tono assolutamente certo. Non mi disse chi glielo aveva detto. Mi disse, comunque, che quando glielo avevano detto era stato tanto male da aver avuto conati di vomito. Per lui, infatti, l'Arma dei Carabinieri era intoccabile.

Dalle dichiarazioni della vedova di Borsellino si traggono tre conseguenze.

In primo luogo, Borsellino aveva ricevuto le informazioni sopra specificate da fonti da lui ritenute pienamente attendibili e che a tutt'oggi non sono state identificate.

In secondo luogo, che la strage di via D'Amelio ha sortito un tale effetto intimidatorio nei confronti di tali fonti da ridurle al silenzio.

In terzo luogo, che tali fonti non sono individuabili proprio grazie alla sottrazione dell'agenda rossa.

Dalle dichiarazioni congiunte di Mutolo, di Leonardo Messina e di Agnese Borsellino, nonché dalle stesse anticipazioni fatte da Borsellino nella serata del 25 giugno 1992, risulta che Paolo Borsellino era venuto a conoscenza di notizie riservatissime e di portata dirompente non solo per i destini individuali di alcuni vertici dei servizi segreti e delle forze di Polizia, ma anche per i complici eccellenti della strage di Capaci e per i suggeritori della strategia stragista, la cui area di appartenenza gli era stata rivelata da Leonardo Messina. Borsellino sapeva quindi che dietro la strage di Capaci non c'era solo la mafia, ma altre forze potenti che egli aveva individuato.

La sua intenzione di rivelare ai magistrati della Procura di Caltanissetta il patrimonio delle conoscenze che aveva acquisito e di trasfondere a sua volta in verbali di sua competenza quanto gli era stato confidato e quanto aveva annotato nella sua agenda rossa, lo rendeva una mina vagante che doveva essere eliminata urgentemente. Da qui, l'accelerazione improvvisa della strage e la richiesta a Riina di eseguire la strage con estrema urgenza. Accelerazione che, come risulta dalle intercettazioni dei colloqui in carcere di Riina, fu richiesta al medesimo da terzi, i quali gli evidenziarono che erano sopravvenuti motivi di estrema urgenza. Da qui l'impossibilità di Riina di fornire agli altri componenti della commissione una giustificazione plausibile, di un'accelerazione che appariva irrazionale alla luce degli interessi dell'organizzazione mafiosa e anzi sacrificava tali interessi sull'altare di interessi superiori, che Riina non poteva rivelare agli altri complici.

Dopo la strage di Capaci era stato approvato il decreto legge 8 giugno 1992 n. 306 (cosiddetto decreto antimafia Martelli-Scotti), convertito nella legge 7 agosto 1992 n. 356, che aveva introdotto il 41 bis e l'ergastolo ostativo. In Parlamento si era scatenata una dialettica molto forte ed era prevalente, come risulta dalle testimonianze rese in vari processi, una maggioranza garantista, contraria a convertire in legge quel decreto, che scadeva il 7 agosto. Era sufficiente attendere il 7 agosto per raccogliere il risultato importantissimo per Cosa Nostra della mancata conversione in legge di quel decreto. Era scontato che eseguire una ulteriore strage eclatante prima di quella data avrebbe sollevato un'ondata di indignazione nella pubblica opinione inducendo la maggioranza del Parlamento a superare ogni resistenza, convertendo in legge il decreto, così come infatti avvenne.

Ma non era possibile attendere la manciata di giorni dal 19 luglio al 7 agosto, perché proprio in quei giorni Borsellino – per i motivi esposti – avrebbe compromesso gli interessi dei complici eccellenti nelle stragi e la stessa riuscita del piano di destabilizzazione politica sotteso al disegno stragista.

Come ha rivelato il collaboratore di giustizia Salvatore Cancemi in dibattimento, il prestigioso capo mandamento Raffaele Ganci, resosi conto dell'irrazionalità della decisione di Riina tentò di dissuaderlo ma questi tagliò corto dicendo: «Mi assumo la responsabilità». Uscito dall'incontro con Riina, Ganci disse a Cancemi: «Questo è pazzo, porterà alla rovina l'organizzazione». Cancemi ha dichiarato che a quel punto lui e Ganci capirono che Riina aveva preso un impegno con soggetti esterni e che stava sacrificando gli interessi di Cosa Nostra.

È evidente tuttavia che non era sufficiente la soppressione fisica di Borsellino. Se l'agenda rossa, nella quale egli aveva annotato tutte le informazioni che si apprestava a riferire alla procura di Caltanissetta e a verbalizzare in proprio per quanto di sua competenza, fosse finita nelle mani dei magistrati, lo scopo dell'accelerazione della strage sarebbe stato frustrato. I mafiosi, dopo avere fatto esplodere l'autobomba, non potevano attardarsi a cercare e prelevare l'agenda rossa, perché potevano essere visti da qualcuno dalle numerose finestre degli appartamenti degli stabili circostanti. Tale compito doveva essere assolto da insospettabili che grazie alle loro credenziali pubbliche potevano subentrare sulla scena della strage senza destare sospetti. Da qui, il perfetto sincronismo operativo tra mafiosi esecutori della strage e la discesa in campo di uomini dei servizi segreti completamente disinteressati alle vittime e ai feriti, interessati esclusivamente alla borsa di Paolo Borsellino, da cui venne prelevata solo l'agenda rossa, lasciando al suo posto un'altra agenda non ritenuta di interesse.

Si riporta qui di seguito la parte della motivazione della sentenza del 20 aprile 2017 della Corte d'assise di Caltanissetta nel processo a carico di Madonia Salvatore più 4 per la strage di via D'Amelio, nella parte concernente l'intervento degli uomini dei servizi segreti.

> Tutt'altro che rassicuranti, ad esempio, sono le emergenze istruttorie relative alla presenza, in via D'Amelio, nell'immediatezza della strage, di appartenenti ai servizi di sicurezza, intenti a ricercare la borsa del magistrato. Infatti, uno dei primissimi poliziotti che arrivava in via D'Amelio, dopo la

deflagrazione delle ore 16.58 del 19 luglio 1992, era il sovrintendente Francesco Paolo Maggi, in servizio alla Squadra mobile di Palermo. Il poliziotto arrivava sul posto circa una decina di minuti dopo la deflagrazione, mentre Antonio Vullo, l'unico superstite fra gli appartenenti alla scorta di Paolo Borsellino, in evidente stato di shock emotivo e psicologico, era seduto sul marciapiede, con la testa fra le mani. Il sovrintendente Maggi, dunque, confidando di poter trovare qualche altra persona ancora in vita, si faceva strada fra i rottami, entrando nella densa colonna di fumo che avvolgeva i relitti. Purtroppo, era subito evidente che non c'era più nulla da fare, né per il magistrato, né per gli altri colleghi della scorta, poiché i loro corpi erano tutti carbonizzati e orrendamente mutilati. In questo contesto, mentre le ambulanze prestavano i soccorsi ai feriti e i vigili del fuoco spegnevano i focolai d'incendio, anche sulla Croma blindata del magistrato, il poliziotto della Squadra mobile notava quattro o cinque persone, vestite tutte uguali, in giacca e cravatta, che si aggiravano nello scenario della strage, anche nei pressi della predetta blindata: «Uscii da... da 'sta nebbia che... e subito vedevo che arrivavano tutti 'sti... tutti chissi giacca e cravatta, tutti cu' 'u stesso abito, una cosa meravigliosa», «proprio senza una goccia di sudore». Si trattava di «gente di Roma», appartenente ai servizi segreti; infatti, alcuni erano conosciuti di vista (anche se non davano alcuna confidenza) e, inoltre, venivano notati a Palermo, presso gli uffici del dirigente della Squadra mobile, Arnaldo La Barbera, anche in occasione delle indagini sulla strage di Capaci. La circostanza (mai riferita prima dal teste, nonostante le sue diverse audizioni) veniva confermata da un altro appartenente alla Polizia di Stato, vale a dire il vice sovrintendente Giuseppe Garofalo, in servizio alla sezione volanti della Questura di Palermo. Anche quest'ultimo, che arrivava sul posto ad appena cinque minuti dalla deflagrazione, dopo aver

> constatato che non c'era più nulla da fare per il magistrato e i colleghi della Polizia di Stato che gli facevano da scorta, aiutava i residenti nello stabile di via D'Amelio, soccorrendo forse anche la madre del magistrato. Quando riscendeva in strada, il poliziotto notava, nei pressi della Croma blindata di Paolo Borsellino, un uomo in borghese, con indosso la giacca (nonostante il torrido clima estivo) e pochi capelli in testa. Alla richiesta di chiarimenti sulla sua presenza lì, l'uomo si qualificava come appartenente ai «servizi», mostrando anche un tesserino di riconoscimento: sebbene il ricordo del teste, sul punto specifico, non sia affatto nitido, vi era persino un veloce scambio di battute fra i due sulla borsa di Paolo Borsellino. Infatti, l'agente dei servizi segreti chiedeva se c'era la borsa del magistrato dentro l'auto blindata, oppure (addirittura) si giustificava per il fatto che aveva detta borsa in mano: «Ho un contatto con una persona, ma questo contatto è immediato, velocissimo, dura pochissimo, perché evidentemente... il nostro intento era quello di mantenere le persone al di fuori... della zona e quindi non fare avvicinare a nessuno... E incontro... un soggetto, una persona, al quale... ecco, e questo è il momento, non riesco a ricordare se questo soggetto mi chiede... della valigia, della borsetta del dottore o se lui era in possesso della valigia... Con questa persona, al quale io chiedo, evidentemente, il motivo perché si trovava su... quel luogo. Questo soggetto mi dice di essere... di appartenere ai servizi».

È veramente inspiegabile che a distanza di trentuno anni dalla strage di via D'Amelio, la magistratura non sia riuscita a identificare gli uomini dei servizi che intervennero quel giorno. Ed è inspiegabile che i vertici dei servizi di sicurezza non abbiano fornito tutta la collaborazione necessaria per tale identificazione.

Si chiede pertanto che la Commissione: 1) acquisisca presso la Procura della Repubblica di Caltanissetta tutta la documentazione processuale concernente l'identificazione dei suddetti agenti; 2) proceda alla audizione dei vertici attuali dei servizi e di quelli in carica nel 1992, per conoscere le ragioni per cui non sono state fornite le generalità dei predetti.

L'intervento degli uomini dei servizi, finalizzato a fare sparire un documento essenziale per le indagini (missione questa condivisa con altri esponenti delle forze di Polizia, pure alla frenetica caccia dell'agenda rossa, come risulta dalla motivazione della sentenza citata), è pressoché contemporaneo alla decisione del procuratore della Repubblica di Caltanissetta, dottor Giovanni Tinebra, di affidare le prime indagini, in violazione di tutte le regole di legge, al dottor Bruno Contrada del Sisde, lo stesso soggetto che Paolo Borsellino aveva individuato come colluso con la mafia. Decisione questa non solo in violazione delle regole, ma sconcertante alla luce di quanto è stato rivelato dal dottor Antonio Ingroia, all'epoca sostituto procuratore della Repubblica a Palermo, nella audizione del 25 maggio 2021 dinanzi alla Commissione parlamentare di inchiesta e vigilanza sul fenomeno della mafia e della corruzione in Sicilia.

Il dottor Ingroia ha dichiarato infatti di avere informato il dottor Tinebra il 20 o 21 luglio 1992 che Mutolo aveva confidato a Paolo Borsellino che Bruno Contrada era colluso con la mafia.

Ingroia [...] Allora, c'è questo La Barbera che si occupa della sicurezza, che era poi nel libro paga dei servizi, che ha depistato poi le indagini su Borsellino, che era collegato a Contrada, che era stato incaricato dal dottore Tinebra di svolgere le indagini, nonostante io avessi detto a Tinebra che Borsellino aveva raccontato le cose che fuori verbale Mutolo aveva detto sul conto di Contrada, questo lo dissi credo o l'indomani, o il 20 o il 21 luglio, perché Tinebra chiese alla procura generale di Palermo di mettergli, al procuratore generale Siclari, di mettergli a disposizione un ufficio, dentro il Palazzo di Giustizia, per le indagini immediate. Me lo ricordo ancora, questo lo ricordo molto, Tinebra in quell'accaldato mese di luglio, informale, in maniche di camicia, con perfino le maniche arrotolate, che mi accolse e mi disse: «Eh, so che tu sei...».

C. Fava (presidente della Commissione) A Palermo?

Ingroia A Palermo, il procuratore generale di Palermo mi ha detto: «Tu, so che sei uno dei più stretti collaboratori di Borsellino, avremo tempo per raccogliere a verbale le tue dichiarazioni, ma vorrei sapere intanto se ci puoi fornire elementi che possono essere utili per le prime indagini». Mi colpì un po' che un procuratore della Repubblica...

C. Fava La modalità?

Ingroia Esatto, che un procuratore della Repubblica decidesse di sentirmi a braccio, però vabbè io avevo trent'anni, quindi non è che mi impuntai col procuratore di Caltanissetta che, apparentemente, apparentemente, era in buoni rapporti con Paolo Borsellino, almeno così Paolo mi diceva, era addirittura quasi soddisfatto quando era stato nominato Tinebra procuratore.

C. Fava Erano della stessa corrente?

Ingroia Erano della stessa corrente, Magistratura indipendente, esatto, per cui non avevo motivo di diffidare e per cui raccontai subito quello che mi era stato raccontato, io non l'avevo appreso, ma mi era stato raccontato da Teresa Principato e Ignazio De Francisci, due sostituti che erano sabato in ufficio, sabato 18 luglio, io quel giorno non ero in ufficio, al quale Paolo aveva raccontato questo incontro con Mutolo, in cui gli aveva parlato di Signorino, del dottore Signorino e del dottore Contrada, che lui aveva capito che c'erano delle pesanti collusioni.

Ne consegue che il dottor Tinebra affidò consapevolmente le indagini a un personaggio ritenuto da Borsellino inaffidabile e direttamente interessato non solo a che non venisse mai verbalizzato quanto Mutolo aveva dichiarato su di lui, ma altresì interessato che nelle indagini sulla strage non emergesse la pista che riguardava i rapporti tra la mafia e i servizi.

Si chiede che la Commissione proceda alla audizione del dottor Antonio Ingroia su tale vicenda.

Come è noto, fu proprio il Sisde a fornire le prime indicazioni sulla pista che portava a Vincenzo Scarantino, pista poi sviluppata nel 1994 dal dottor Arnaldo La Barbera, altro uomo collegato al Sisde, e, come già esposto, indicato dal collaboratore Francesco Di Carlo come uno degli uomini dei servizi segreti che in precedenza gli aveva chiesto l'appoggio di Cosa Nostra per eliminare Falcone. A tutto ciò si aggiungano le ulteriori risultanze processuali sulla partecipazione alla strage di via D'Amelio di soggetti esterni appartenenti ad apparati istituzionali.

Il 23 novembre 1993 venne rapito Giuseppe Di Matteo, figlio dodicenne del collaboratore Santo Di Matteo, che aveva fornito alla magistratura informazioni importanti per individuare gli esecutori della strage di Capaci, e aveva dichiarato a verbale che avrebbe riferito altre importanti informazioni sulla strage di via D'Amelio.

Il 14 dicembre 1993 Santo Di Matteo ebbe una conversazione – che fu intercettata – con la moglie Franca Castellese. Nel corso di quella conversazione, la Castellese tra i singhiozzi disperati ricordò al marito che avevano un altro figlio e lo implorò di non parlare ai magistrati degli infiltrati della Polizia nella strage di via D'Amelio. In effetti, Di Matteo non parlerà mai più di questo tema.

È altresì noto che il collaboratore Gaspare Spatuzza ha riferito che alle operazioni di caricamento dell'esplosivo sull'auto utilizzata per la strage del 19 luglio 1992 era presente un soggetto esterno all'organizzazione mafiosa.

I tentativi di depistaggio si sono ripetuti negli anni, sino a epoca recente.

Un tale dispiegamento di forze, prima, durante, e dopo la strage (agenti dei servizi segreti, poliziotti infiltrati, poliziotti depistatori), protratto per anni (si consideri che il depistaggio di Vincenzo Scarantino ha inizio nel 1994, due anni dopo la strage e si protrae nel tempo) implica necessariamente in via logica che gli interessi coinvolti nella strage di via D'Amelio, così come quelli coinvolti nella strage di Capaci e nelle stragi del 1993, chiamavano in causa soggetti appartenenti ai ranghi elevati di apparati pubblici.

Alla luce di quanto sin qui sinteticamente esposto e con riserva di ulteriori integrazioni, si chiede: 1) che la presente memoria sia trasmessa in copia a tutti i componenti della Commissione parlamentare affinché ne prendano cognizione prima della votazione sulla programmazione dei lavori della Commissione. È evidente che la complessità delle motivazioni addotte non può essere riassunta nella brevità di un intervento orale; 2) che la Commissione includa nei propri lavori non solo la ricostruzione della strage di via D'Amelio, ma anche della strage di Capaci del 23 maggio 1992, della strage di via dei Georgofili a Firenze del 27 maggio 1993, della strage di via Palestro a Milano del 27 luglio 1993, dell'autobomba in via dei Sabini a Roma del 2 giugno 1993, delle autobombe a San Giovanni in Laterano e a San Giorgio al Velabro a Roma del 28 luglio 1993, del fallito attentato allo Stadio olimpico a Roma del 23 gennaio 1994. Ciò sia per la estrema rilevanza dei nodi ancora irrisolti di tali stragi, sia per la loro inscindibile connessione con la strage di via D'Amelio; 3) che la Commissione disponga le audizioni urgenti e le acquisizioni documentali sopra specificate, necessarie per fare luce sui gravissimi nodi a tutt'oggi irrisolti della strage di Capaci del 23 maggio 1992 e delle altre indicate nel punto precedente, oltre quelle pure specificate per la strage di via D'Amelio.

Il rigetto della presente richiesta, oltre che tradire i compiti e la missione istituzionale di questa Commissione parlamentare, sarebbe un grave e inammissibile vulnus alle aspettative e al diritto alla verità storica dei famigliari delle vittime delle stragi di Capaci del 23 maggio 1992, via dei Georgofili, via Palestro, dell'autobomba in via dei Sabini, delle autobombe a San Giovanni in Laterano e a San Giorgio al Velabro, nonché una scelta che per il suo carattere ingiustificato incrinerebbe la stessa credibilità istituzionale della Commissione, avallando l'interpretazione che, per motivi politici di parte, non si siano voluti svolgere approfondimenti concernenti il coinvolgimento nelle stragi sopra indicate di apparati statali e di soggetti appartenenti o comunque collegati al mondo politico.

Appendice 2

Mancino lo sapeva

Il documento inedito di Luigi Li Gotti e la stampa

Nelle pagine che seguono, la lettera di Nicola Mancino a Luigi Li Gotti del 16 dicembre 2010 e gli articoli di stampa allegati dall'ex ministro Mancino alla missiva. Con questi documenti, l'ex ministro dell'Interno ribadisce che nel 1992-93 era già a conoscenza del predominio dell'ala stragista all'interno di Cosa Nostra e dell'alta probabilità che all'attentato di via Fauro a Roma contro Maurizio Costanzo del 14 maggio 1993 sarebbero seguite altre bombe.

Nicola Mancino

Roma, 16 dicembre 2010

Caro Li Gotti,

nel corso della mia audizione dell'8 novembre u.s. davanti alla "Commissione parlamentare d'inchiesta sul fenomeno della mafia", Lei, rivolgendomi una specifica domanda, ha messo in dubbio che già nel 1992-93 si potesse distinguere fra l'ala stragista e un'ala per così dire....dialogante della mafia.

Confermai di averlo saputo già in quel periodo, ma Lei mi apparve non convinto.

In proposito, il 23 maggio 1993, a Catania, parlando di mafia, io ebbi a osservare: "Sta prevalendo la componente sanguinaria dei Corleonesi".

Le allego fotocopia di un articolo pubblicato da "La Sicilia" il 24 maggio 1993, con le mie parole virgolettate. Aggiungo un articolo uscito qualche giorno prima (il 19 maggio 1993), da cui si ricava che l'allarme per la strategia eversiva di cosa nostra era all'epoca ben presente.

Mi scusi...la pignoleria, che, talvolta, diventa utile a confermare quanto da me sostenuto.

Buon lavoro e cordiali saluti.

Nicola Mancino

Illustre Senatore

Luigi LI GOTTI

Senato della Repubblica

SEDE

Alla Camera il ministro avverte che via Fauro è come la strage del rapido 904: «Vogliono allentare i controlli in Sicilia»

Mancino: le bombe non sono finite

«Macché terrorismo, colpendo Costanzo la mafia voleva bloccare il risveglio civile»

Roma

Con in tasca la foto di Nitto Santapaola ammanettato, Nicola Mancino va alla Camera per fare la radiografia dell'attentato di via Ruggero Fauro. E mette in fuga tanti dubbi. L'obbiettivo «ragionevolmente ipotizzabile» della bomba? Era Maurizio Costanzo. «E allora diventa più chiara la matrice mafiosa», ragiona il ministro dell'Interno, leggendo davanti ai deputati le 37 cartelle che ricostruiscono l'agguato. Un'analisi che porta a scartare tante piste investigative. A cominciare dal terrorismo, interno ed internazionale. «Niente coinvolgimento serbo, mediorientale, palestinese o islamista. Sono collegamenti improbabili», taglia corto Mancino.

C'era Costanzo nel mirino, dunque. «Se gli attentatori avessero voluto una strage indiscriminata avrebbero scelto un altro luogo, magari la stessa uscita del teatro Parioli», aggiunge il ministro dell'Interno, convinto che di motivi per colpire il popolare presentatore televisivo ce n'erano più d'uno. «La sua attività giornalistica ne faceva un uomo di prima linea nella lotta alla mafia. Aveva inventato spot e slogan taglienti per mobilitare la gente – ricorda Mancino –. E poi c'è quell'intervista a Carla Cottone, la moglie di Aldo Madonia, che ha rivendicato davanti a milioni di telespettatori un'autonomia alle leggi dell'omertà, rompendo soggezione e riservatezza». Insomma, colpendo Costanzo la mafia voleva bloccare, secondo il Viminale, «il risveglio della coscienza civile del Paese».

Resta da capire perché proprio adesso. E Mancino, una sua spiegazione, ce l'ha. Non è la prima volta che Cosa nostra torna a mostrare gli artigli in un momento in cui subisce sonore sconfitte. E allora azzarda azioni dimostrative in trasferta. Come la bomba di via Fauro a Roma. Accadde già nel '68 «subito dopo il processo dei 114 a Catanzaro – incalza il ministro – quando Liggio, Badalamenti e Bontate decisero attentati e azioni terroristiche contro rappresentanti del-

■ Vigili del fuoco ieri ancora al lavoro nel luogo dell'esplosione ai Parioli

le istituzioni per dimostrare che la mafia era ancora lì».

Ma l'ultimo ritorno di fiamma dei padrini alle corde risale all'84. È l'anno della strage sul rapido 904, qualche mese dopo che due pentiti del calibro di Tommaso Buscetta e Totuccio Contorno hanno cominciato a «cantare». Mancino ricostruisce lo scenario: «Cosa nostra, in collusione con elementi della camorra e personaggi dell'estrema destra, organizzò l'attentato che provocò la morte di 16 persone per distrarre la pressione delle forze dell'ordine e l'attenzione pubblica dalla Sicilia». L'analogia con la bomba destinata a Costanzo è evidente. «Entrambi gli attentati – sottolinea il Viminale – avvengono in un momento in cui è fortissima l'azione dello Stato, e si collocano al di fuori dei territori tradizionalmente controllati dalle cosche».

Di segnali premonitori Mancino ne coglie parecchi negli ultimi mesi. Dall'arresto, nel marzo scorso, di tre affiliati alla «famiglia» di Altofonte che stavano preparando un attentato al Palazzo di giustizia di Palermo, fino al continuo ritrovamento d'arsenali mafiosi. A giudizio di Mancino, se lo Stato s'illude è perduto. «Questa strategia eversiva della mafia è lontana dall'esaurimento. Per questo, ripetere l'allarme non è manifestazione di debolezza – sostiene il ministro – ma responsabile valutazione delle cose». La mafia sceglie la strada del terrorismo e della destabilizzazione? «Merito dell'incisività dell'azione dello Stato».

Anzi, Mancino è convinto che la maggior pressione delle forze dell'ordine nelle regioni a rischio possa aver convinto Cosa nostra a giocare in trasferta. Come la settimana scorsa, con l'attentato ai Parioli che avrebbe «garantito il tasso di spettacolarità all'azione della malavita». Per evitare che si ripetano episodi simili, uno speciale gruppo di lavoro interforze è già all'opera al Viminale. Perciò il ministro dell'Interno tranquillizza chi, come la Lega o il presidente della commissione Antimafia, Luciano Violante, si è mostrato preoccupato per l'ordinato svolgimento delle prossime elezioni amministrative. «Non passerà nessuna forma di intimidazione. Il nuovo che si prepara nel Paese non corre alcun pericolo», rassicura Mancino.

Ma c'è ancora tanto da fare. Innanzi tutto, concentrare le forze nella lotta ai patrimoni illeciti. Mancino elenca i successi dello Stato: 57 consigli comunali sciolti, beni per 3.500 miliardi sequestrati ai mafiosi. È solo «prosciugando il mare finanziario dove Cosa nostra sguazza indisturbata» che, per il ministro dell'Interno, si può vincere davvero. La Camera però, dice Mancino, deve approvare in tempi rapidi il disegno di legge sulla trasparenza finanziaria.

Virman Cusenza

LA SICILIA

La cattura di Riina e Santapaola è soltanto una tappa nella difficile guerra alla Piovra

«Ci saranno altre bombe»

Allarme del ministro Mancino durante un comizio a Catania

CATANIA — Il ministro dell'Interno, Mancino, ieri a Catania per un comizio, fa il punto della situazione per quanto riguarda la lotta alla mafia dopo gli arresti di Riina e Santapaola. Ne esce un quadro poco ottimistico che porta il ministro a prefigurare «una lotta ancora lunga alla Piovra, la possibilità di una nuova guerra di mafia per la conquista dela supremazia all'interno di Cosa Nostra, e altre bombe». «Per ottenere una vittoria completa — ha spiegato Mancino —occorre non solo un rosario di catture anche importanti ma una progressione costante come quella che portò alla sgretolamento del terrorismo». Mancino ha parlato anche dell'attentato di via Fauro a Roma («Sta prevelendo la componente sanguinaria dei corleonesi»), fallito forse per «un intoppo tecnico nel ritardo della risposta al comando impartito a distanza». Molto più cauto il ministro è apparso sul problema delle strutture, degli uomini e dei mezzi impegnati a Catania nella lotta alla mafia («Un problema che non può essere risolto da un giorno all'altro») e sul malcontento che continua a crescere tra gli uomini addetti al servizio delle scorte. «Ciò che si può fare subito — ha detto — è ricondurre questi servizi a un unico coordinamento, ferme restando le specifiche competenze dei prefetti e dei questori».

(RONSISVALLE A PAGINA 2)

A un anno da Capaci

«Ma la vittoria non è vicina»

Luigi Ronsisvalle

Il ministro Mancino a Catania: «La cattura di Riina e Santapaola non basta. Ci vuole una progressione come quella che sgretolò il terrorismo». «Ferme restando le competenze di questori e prefetti, occorre un coordinamento unico»

CATANIA — «La vittoria sulla mafia non è ancora vicina». Nonostante la cattura di Nitto Santapaola e di Totò Riina, Nicola Mancino, ministro dell'Interno, intervenuto a Catania a una riunione politica organizzata dalla Dc in vista delle prossime elezioni comunali, non riesce a essere ottimista.

— Perché?

«Perché per ottenere una vittoria completa occorre non solo un rosario di catture anche importanti ma una progressione costante della stessa dimensione di quella che stroncò il terrorismo quando tutto si sgretolava progressivamente».

Catania è oggi per lo Stato un obiettivo primario, nel senso che dopo l'emergenza Palermo, dopo l'emergenza Campania e l'emergenza Calabria con la catena dei sequestri, ci si è accorti che la situazione stava precipitando anche alle faide dell'Etna. E quindi solo adesso si sta correndo ai ripari. Ma queste sono parole. E i fatti? L'aumento dell'organico, le nuove infrastrutture, il potenziamento dei mezzi? Come si può intensificare la lotta alla mafia senza migliorare le strutture operative dello Stato in questo settore?

Il ministro si rende perfettamente conto che la situazione non è certo ottimale ma vuole confermare che sebbene «ci siano alcune zone d'ombra e taluni aspetti da perfezionare», si sta lavorando per cercare di far fronte anche a questa situazione.

«Certo - dice Mancino - per impegni di questo tipo occorre personale specializzato che non è possibile reperire in tempi brevi, ma c'è qualcosa che è possibile fare subito: determinare le condizioni per un migliore coordinamento delle forze disponibili sul territorio».

Con i problemi di carenza di strutture, uomini e mezzi, i responsabili dell'ordine pubblico a Catania devono fare i conti ormai da parecchio tempo. Ma nelle ultime settimane hanno cominciato ad assumere sempre più forza il problema delle scorte e il conseguente malumore degli uomini assegnati a questo servizio. Troppe scorte sono considerate inutili o concesse con eccessiva facilità. Forse è arrivato il tempo di un deciso giro di vite.

«E' un problema che conosco bene e che ho già posto al capo della polizia. Ho già ricevuto i rappresentanti sindacali degli uomini delle scorte e ho ascoltato le loro lamentele. E so anche che ci sono state considerazioni trop-

segue

Sommario

Finito di stampare nel mese di settembre 2025
per conto di RCS MediaGroup S.p.A.
Rotolito S.p.A., Via Sondrio, 3, Pioltello (Milano)

Printed in Italy